"十四五"普通高等教育本科部委级规划教材

TUJIE GAOJI FUZHUANG LITI ZAOXING

图解高级服装立体造型

白琴芳 陈乃琛 编著

中国纺织出版社有限公司

内 容 提 要

本书是"十四五"普通高等教育本科部委级规划教材。

本书系统介绍了服装结构立体生成的原理，服装立体与平面结构相互转换的基本规律，以众多款式、时装设计大师经典案例分析阐释多种类型的服装款式立体裁剪技法，为女装板型高级化夯实理论基础和实践基础。本书教学内容的构建历经多地企业板型数据调研和项目实践、资料归纳整理、立体裁剪实践操作专题研究等过程，内容全面，类型涵盖面广。本书编排上采用章节有归纳、类型做小结、步骤详分析的全方位综合教学方法，解析上通过图文并述尽可能做到翔实透彻，易学易懂。

本教材难易相辅，适用于高等院校服装专业学生，也适合服装专业培训学校教学时使用，还可作为服装企业设计师与技术人员自学教材。

图书在版编目（CIP）数据

图解高级服装立体造型/白琴芳，陈乃琛编著. --
北京：中国纺织出版社有限公司，2022.11
"十四五"普通高等教育本科部委级规划教材
ISBN 978-7-5180-9930-6

Ⅰ. ①图…　Ⅱ. ①白…　②陈…　Ⅲ. ①服装—造型设计—高等学校—教材　Ⅳ. ①TS941.2

中国版本图书馆CIP数据核字（2022）第191798号

责任编辑：魏　萌　郭　沫　　责任校对：王蕙莹
责任印制：王艳丽

中国纺织出版社有限公司出版发行
地址：北京市朝阳区百子湾东里 A407 号楼　邮政编码：100124
销售电话：010—67004422　传真：010—87155801
http://www.c-textilep.com
中国纺织出版社天猫旗舰店
官方微博 http://weibo.com/2119887771
北京华联印刷有限公司印刷　各地新华书店经销
2022 年 11 月第 1 版第 1 次印刷
开本：889×1194　1/16　印张：15
字数：212 千字　定价：68.00 元

前言
PREFACE

　　《图解高级服装立体造型》为"十四五"普通高等教育本科部委级规划教材，是《高级女装立体裁剪·基础篇》的姐妹篇，对于基础类的造型本教材不再赘述。在服装结构原理、立体造型技法较之基础篇有所拓展与更新，对于服装设计大师、各大品牌的经典作品，近几年来流行的无（胸）省结构廓型款以及连袖等有较多的篇幅涉及。为增加清晰度，照片上的引导线大多用手工复描，照片的明暗也有针对性的调整。

　　立体裁剪，一般认为是为了应对结构比较特殊、平面裁剪难以达到预期的款式。其实，对于貌似平常、结构普通的日常服装，立体裁剪也大有用武之地。当今服装产业是建立在日常装基础上的，制板大部分采用平面裁剪，常见的有原型、母型裁剪，这两类基础板型具备了服装与人体的基本适合度、结构要素与模式，使打板师在演绎、推板的过程中有据可凭，有模式可倚。然而，以二维的平面板型应对三维服装的空间造型总有欠缺，现实中存在很多平面裁剪无法解释、难以解决的问题，则可以用立体裁剪的眼光审视，通过现象看本质，导入立体裁剪的造型标准与技术要求，有的问题只需动动手指做微调就得以解决，甚至得到品质的升华。因此，在高级成衣、高级定制等追求高品质的公司，立体裁剪不可或缺。这些公司自身开发的原型和母型，哪个不是平面与立体互动生成？有关这方面的材料集中在本教材第1章，案例基本采自本人在企业担任内训时的工作实践。

　　本教材分为6章，除第1章，后面5章均按造型的本质特征、结构类型、表现倾向与手法来分类，这样的分类比较宽泛，因为很多款式的结构是多元化、跨类型的。第2章为皱褶的视觉艺术，是最能体现立体裁剪特色的大类之一，打破了中规中矩的藩篱，任凭天马行空，不仅应用于形象创意和晚装拓展，在日常款开发中也常有应用。皱褶类型内容丰富，手法也更精深。第3章为经典与修身造型，极能考量制板师的工艺技术水平，有多少人为此奋斗终生却难达目标，但如果你能过好贴体类型的立体操作技术这一关，与平面裁剪相辅相成，又何愁不达目标？目标不仅止于此，贴体类结构是各类结构立体造型之基础，应打好基础。第4章为不同廓型与无胸省设计，在平面裁剪中令人煞费苦心还常常落得吃力不讨好，尤其是无省。立体裁剪直观造型的优势则在此得到充分展现，廓型能随意调整，将造型中出现的浮余量分配掉，提正结构，即无省处理，服装轮廓因此而有模、有型、有架势，对于平面裁剪也有帮助。掌握了一些廓型裁剪的技能以后，遇到结构特殊的款式也能从容应对或者随"意"创造，此所谓间巷有真诗，高手在民间。第5章为连袖设计，此类型为款式设计拓展了空间，又历来是平面裁剪的一大难题，如腋下总是皱褶太多，结构不易平衡，即使摆在人台上有模有样也不等于穿在人身上不走形。此类结构也是立体裁剪的操作难题，但是可以依仗立裁的直观性，边操作、边调整，问题最终都能解决。从基础款开始循序渐进，进行扎扎实实的练习，就能逐渐到达得心应手的境界。第6章为连衣裙和晚装，从款式设计到造型操作都有一定的挑战性，同时也极具立体裁剪的代表性和实用性，因立体裁剪千变万化的造型手段，使晚装产生的无限遐想与美妙动人让所有的设计师欲罢不能。事实上，这一类型服装最能窥探设计师的创意水平，有着最大的包容和爱，只要是美的。

日本立体裁剪大师佐佐木住江说过："立体裁剪的目的是得到一副优秀的样板。"服装的立体裁剪因其直观的造型手段、无限的创意空间，打造千千万万的经典服饰作品，它是一个人类追求美和想象力的技术宝库。优秀的板型是服装品牌的核心技术，是服装行业之重器。学生只通过几十个课时或者数个月的学习训练，距离目标还是太遥远。这种短期训练一种技能并不持续发展的课程安排恰恰是大部分服装院校的教学短板，只有长期不间断地艰苦磨砺与知识更新，才能培养出"入企即用"的人才，而对于设计师或板型师个人而言，在这样一个科技快速更迭的新时代，作为时尚的弄潮儿更应该让积蓄、坚持、拓展和创新成为自己设计道路上的必备品格。

只有在那崎岖的小路上不畏艰险奋勇攀登的人，才有希望到达光辉的顶点——马克思。

感谢所有为此书做过贡献的人。陕西服装工程学院贺俊莲、王晨禾、毕丹妮，泉州黎明职业大学章国信，常州纺织服装职业技术学院袁红萍，东华大学学生李可欣，福建商学院学生陈杰、卓炎玲等，他们分别为本书提出一些建设性意见，以及做了基础材料、插图搜集与整理、担任试衣模特、拍照与描线等工作，一并向他们表示十分感谢！

编著者

2022年9月

目录

CONTENTS

2 皱褶的视觉艺术 / 039

3 经典与修身造型 / 075

4 不同廓型与无胸省设计 / 117

5　连袖设计 / 155

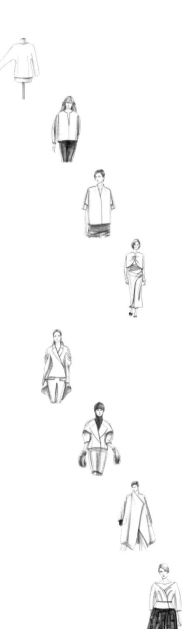

6 连衣裙和晚装 / 189

1 时装高级化与立体裁剪

立体裁剪是时装高级化的一种手段。以平面裁剪为主要技术手段的企业，如何通过立体裁剪弥补平面裁剪的短板，从而提升板型的合体性、时装的审美性、最终使时装高级化？

平面裁剪离不开立体裁剪的辅助，裁剪的本质是为人体做外包装，因此要将人体体表结构原理与服装基础板型联合起来研究，这是专业常识。本章从人体躯干与原型、母型等的平面与立体互证，结构平衡与胸省的实验，平面裁剪立体补正等进行系统阐述。平面裁剪的关键是板型，用立体裁剪的方法调整板型不仅可以直观且快速地消除结构弊病、改进板型，也加深人们对服装裁剪的本质理解，从而提升平面裁剪的理论水平。因此，平面裁剪（包括袖子的基础制板）与立体裁剪互证互动要作为规范化程序来执行，这是行之有效的使时装高级化的一个台阶。

1.1 高级时装

第二次世界大战后，迪奥（Dior）公司的战略经营进行了重大调整，将立体裁剪技术纳入更广的设计范畴。迄今为止，迪奥高级时装的服装形态审美和立体设计可称经典之最（图1–1），时装坯样足以让人瞠目叫绝（图1–2）。我们的时装要高级化，迪奥能给予我们什么样的思考和探索？我们该如何向国外的工匠大师学习？

图 1-1　迪奥高级成衣与高定

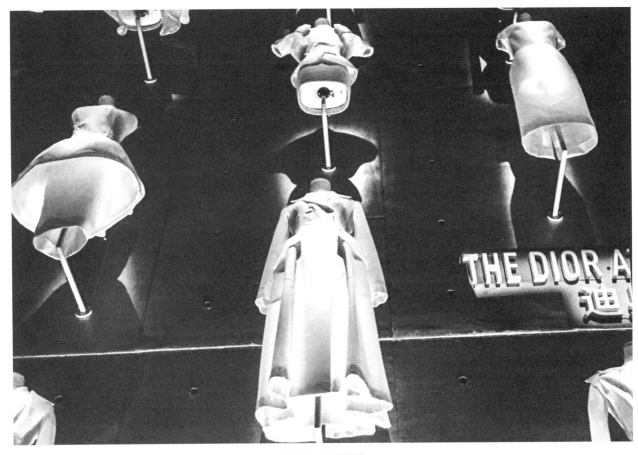

图 1-2　迪奥坯样

1.2　人台的选择与补正

目前，我国大部分日常装采用平面制板技术，单靠平面制板难以达到如迪奥般精致合体、恰如其分的造型效果，服装结构常常出现各种弊病却找不出问题根由。应用直观性的立体裁剪调整技术能解决问题，但操作的前提是人台要合适。

1.2.1　人台的选择

一些实力较为雄厚的服装公司，运用高科技对试衣模特进行3D扫描后制造的人台，可信度较高。本人曾参考这种人台与学生体型开发了学生版人台，适当加高了腹凸（图1-3）。

服装公司和学校教学主要运用普通人台。如图1-3所示，普通人台上半身长度一般短于真人体，如M码背长38cm，较真人体背长短约2cm，一是为了强调上下的比例美，二是由于人体发胖腰部变粗，而腰线往上接近肋骨处脂肪逐渐减少，尺寸会小一些。图1-4则为3D人体红外线体型测量案例比较，腰围线因人体的发胖而上移。

1.2.2　人台的补正

普通人台与真人体存在较多出入，如臀凸、胸高、肩宽不够、领口过高、肩线不正等，这样的人台不做检

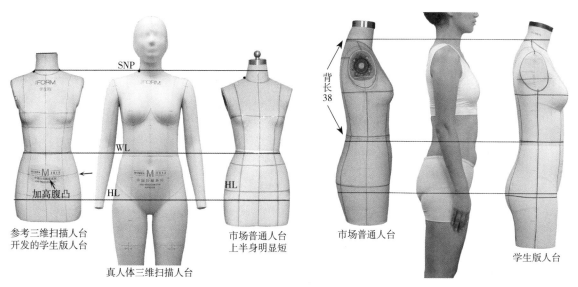

图 1-3 人台比较

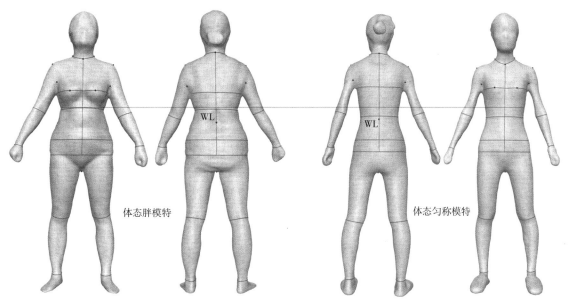

图 1-4 不同体型模特的腰围位置比较

测与补正便使用是不行的。可将制作精良的合体样衣、原型坯样或纸质原型套于人台上进行检测（图1-5）。

如图1-6所示，为在三种人台上套同一纸质原型后的状态。A人台上的领口过高，需要按原型领口重新标线；B人台、C人台上纸型的侧缝错位（若不错位则纸型摆不平），人台腰节长的前后差由此推算出来，这对于立体裁剪服装的可穿性至关重要，必须补正，若补正不了则不能应用。

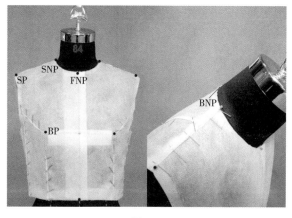

图 1-5

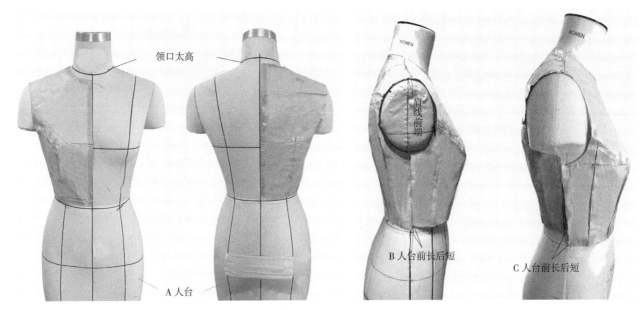

领口太高

肩线前端

B 人台前长后短

C 人台前长后短

A 人台

图 1-6

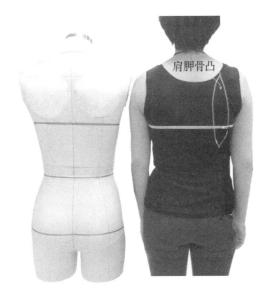

肩胛骨凸

如图 1-7 所示，一家中老年女装公司按两位试衣模特的体型对人台做了补正增加背垫、胸垫、腹凸。在肩颈部位用纸型重新校正，重标肩颈相关结构线（图 1-8）。按此制作的腰臀原型原定背长为 38.5cm，结果模特在试穿坯样时腰围线勒在赘肉上。随后重新量体，背长缩短至 36cm，人台腰臀原型坯样的 WL 随之上移（图 1-9）。

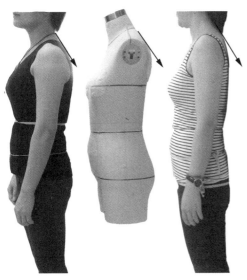

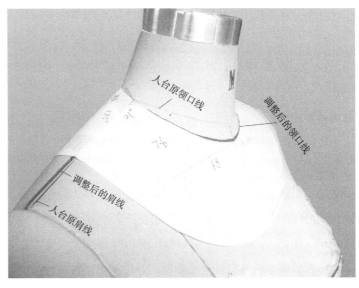

人台原领口线

调整后的领口线

调整后的肩线

人台原肩线

图 1-7

图 1-8

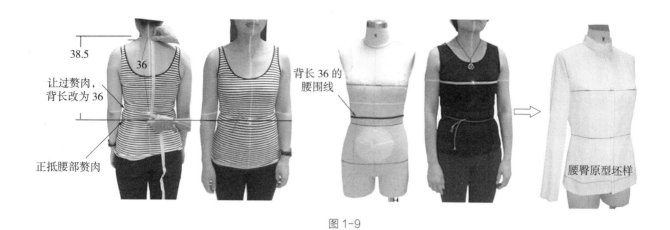

图 1-9

1.3 平面与立体互证

1.3.1 人体躯干与外包围样

人体体表由多个曲面构成，将软纸贴附在人体躯干表面，画上关键部位的纵横引导线，得到躯干的纸膜展开图，多道省缝呈现出人体曲面的复杂性，这要求我们将人体体表结构原理与服装基础模型结合合起来研究（图 1-10）。一般情况下，人们关注的重点在腰部以上，在平面裁剪中应用较多的上衣原型，是采集了人体上半身众多部位的数据，包含服装与上半身基本适合度的基础模型。其实腰至臀胯这段的结构也不容忽视。

如图 1-11 所示，给腰至臀胯的水平断面重合图设定一个外包围，在尺寸上，三围中臀围最大，但它的空间占位并非都在最外圈，从水平切面来看，除了后面是臀凸最高，前侧的胯部、前中的腹凸都超出臀围圈之外，再加上基本的空间量，外包围因此大于臀围。

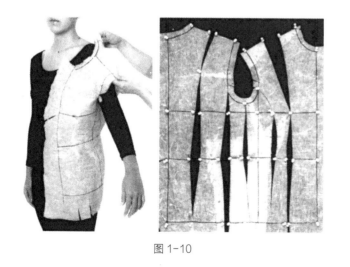

图 1-10

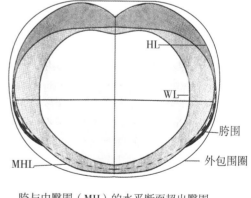

胯与中臀围（MH）的水平断面超出臀围

图 1-11

如图 1-12 所示，给三维扫描人台的躯干部做外包围样以掌握人体结构形态，将透视图与水平断面重合图相对照：髂骨棘点、大转子点突出体表之上；在胯部前后身都呈现扁平状，在躯干底部达到最宽，围度却小于臀围，腹凸在前中又突出体表之上。在服装上对于这样的臀胯体表如果处理不当，就会挑起上下装的结构不平衡，如牛仔裤的前插袋布被顶出袋口之外、侧缝被顶出不良皱褶等，上衣则表现为侧缝偏斜，前下摆起空、门襟交叉或豁开等。立体裁剪三维扫描人台的外包围样能帮助我们了解人体躯干部的结构形态。

在外包围样立体裁剪（详见本章思考、技能训练部分）的过程中，前胸与后背的浮余量分别被捏缝为胸省、肩省，腰部浮余量捏缝为腰省（图1-13），完成外包围样立体裁剪，最后生成一个有着服装基本空间量的，与人体表面结构相似的平面基图（图1-14）。这一服装平面基图的生成引发人们对于人台的适用性、人体躯干曲面结构与服装构成基础空间的认识与思考，从而应用到具体的打板中去，对于立体和平面裁剪互证有很大的帮助。截取外包围样臀围以上部分，就成为腰臀原型，腰臀原型使服装在关键的三围等部位打板有据可依，具有很高的应用价值（腰臀原型的立体裁剪见下节）。

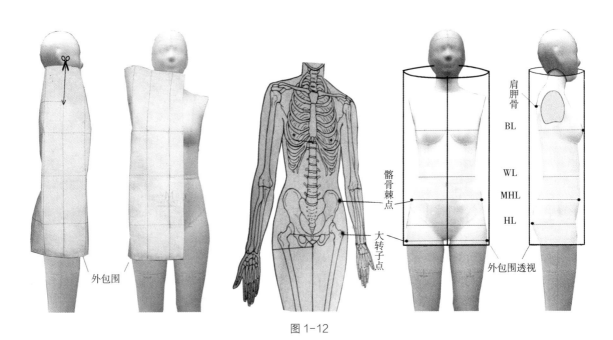

图 1-12

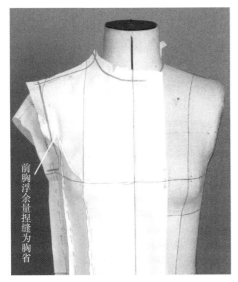

图 1-13

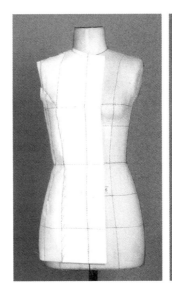

图 1-14

1.3.2 腰臀原型立体裁剪

1.3.2.1 人台前后衣身

（1）人台准备。应用具有3D扫描结构形态的学生版人台，按人体的纵向转折标记*a*、*b*、*c*、*d*、*e*、f六个省缝线，将人台分为：前正面、前半侧面、前腋侧面、后正面、后半侧面、后腋侧面（图1–15）。

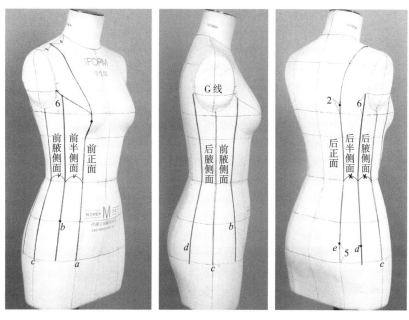

图 1–15

（2）前身坯样准备。固定CF。裁剪领口，使之平服且有自然松量，裁剪、固定肩缝。保持BL水平，将上部浮余量推往肩侧，塑造胸侧转折面，总空间量约1.5cm，固定转折面，在侧线内固定BL。塑造胸以下转折面，使整个前身正侧转折分明。将浮余量捏缝为胸省，裁剪袖窿。剪开WL处侧缝毛边，往外抻拉侧缝吸腰量（图1–16）。

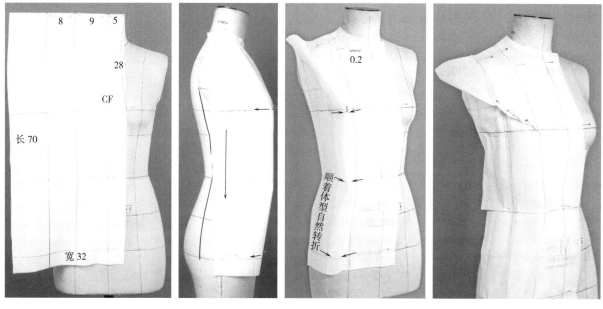

图 1–16

（3）在CF与BL交点处缝前中省。将腰部浮余量集中在各引导线处作为腰省量，垂直捏缝省a、省b塑型，从BP向下3cm起按引导线捏缝省a，由于BP下方较为空荡，省a需要缝到底部，塑就前正面合体形态。在省a与侧缝的中间捏缝省b，上至胸省下抵MHL，侧面由此分为半侧与腋侧，呈现女性优美的三围曲线。在HL会有3~4cm的空间量，因为相对于前胸围而言，此处臀围变平变小了，空间量相应增大。对于开襟衫而言，臀围的总松量不能小于8cm。否则门襟下端会豁开（图1-17）。

（4）固定侧缝，各部位标线、裁剪，侧缝线在袖窿门处外放0.5cm作为手臂活动量（图1-18）。

（5）后身坯样准备。固定后中，保持三围线水平，在臀围线处留1~2cm的空间量，将坯样整理得正侧转折分明，推顺肩颈部位，裁剪领口，稍有自然松量。将肩背部浮余量推向肩缝（图1-19）。

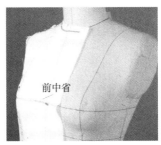

前中省

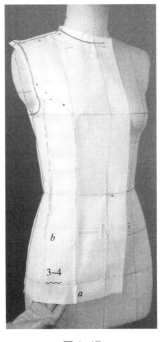

b

3~4

a

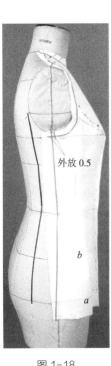

外放0.5

b

a

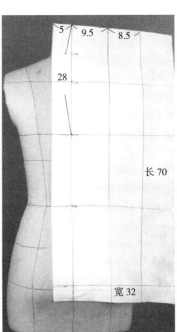

5　9.5　8.5

28

长70

宽32

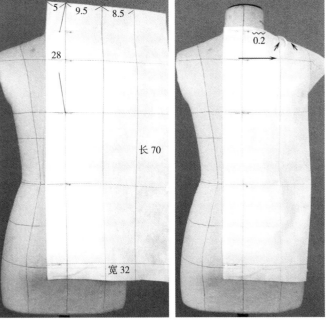

0.2

图1-17　　　　　　图1-18　　　　　　图1-19

（6）捏缝与公主线平行的肩省，重合肩缝；理顺侧面，裁剪后袖窿；平行抓合侧缝。后身部分按引导线捏缝省e。省d在省e与侧缝中间，在背腰落差起伏最大处，省最大、最长。各部位标线、裁剪（图1-20）。

（7）组装衣身。袖子打板、裁剪参照节1.6"日常基本款衣袖与立体裁剪"。将袖子置于袖窿门内，两者的缝份叠放整齐，要感觉袖子的方向、与袖窿门的配合程度都较合适，尤其是前袖窿门弯处与袖山要自然对应，下方袖口自然摆向前身，确认无误再装袖（图1-21）。

1.3.2.2　背中线的贴体化设计

有背缝的原型一般用于较贴体、多面构成打板。下面主要介绍有背缝的贴体化设计。

（1）背中线的贴体化处理。从背宽线往下撇去腰凹部的余量。这样一来，背中线的长度就见短，臀围见小。因此，要重新捏缝省 d、省 e，省量有减少，省 d 下端要剪开（图1-22）。

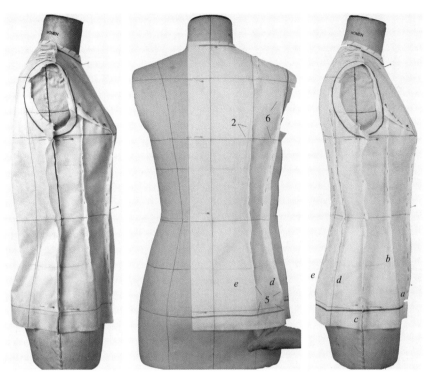

图 1-20

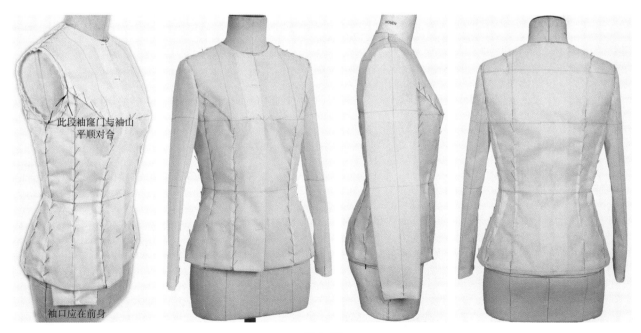

图 1-21

（2）肩省转移。部分肩省量转至后中，还要切开背宽线直达袖窿以增加纵向的长度；剩余的肩省，一部分留在肩缝作为吃势，另一部分转往领口作松量，之后补正处理坯样背宽线与省d下面的豁口；组装；模特试衣，在平面上补正板型（图1-23）。

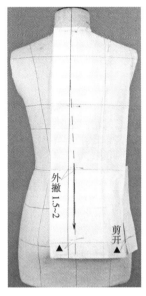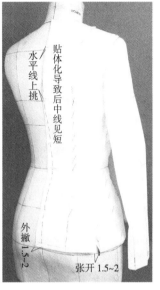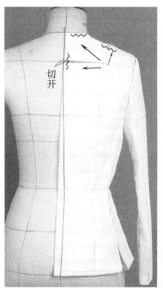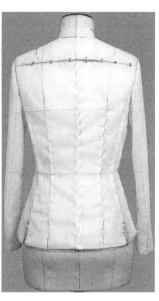

图 1-22 　　　　　　　　　　　　　　　　　　　　　图 1-23

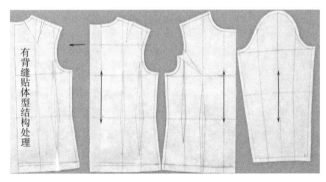

图 1-24

图 1-25

（3）坯样的平面整理（图1-24）。

腰臀原型的立体裁剪，对于掌握基础型上衣的立体操作技术与了解平面图样构成原理有较大的作用。原型、母型裁剪是服装公司制板主要技术手段。长达臀围的腰臀原型具较广的应用范围，有的公司直接引为夏装、衬衫母型来应用。图1-25为某少女时装公司立体裁剪的腰臀原型（夏装母型）试衣状态，坯样使用经得起修改与反复试穿的夏装面料，只装一个袖子，无袖那边能观察窿门的着装状态。

1.3.2.3　中老年装腰臀原型（夏装母型）的建立案例

图1-26为按中老年体型补正的人台的立体裁剪坯样腰臀原型平面图，同时与图1-27标准人体原型展开比较。

综合立体裁剪坯样与体型特点，建立中老年腰臀原型，WL比标准型上提1.5cm，后袖窿增高。确认结构后其板型可保存在CAD板型数据库，供打板时使用。

　　腰臀原型坯样试衣时，因中老年体型变化较大，对于人台、结构设计的要求高。为使之具有较大的体型覆盖率，需要同类型身材多人试穿合适、并通过水平仪检测：无论是挂在人台上还是真人试穿，前后WL都在同一水平线上（图1-28）。

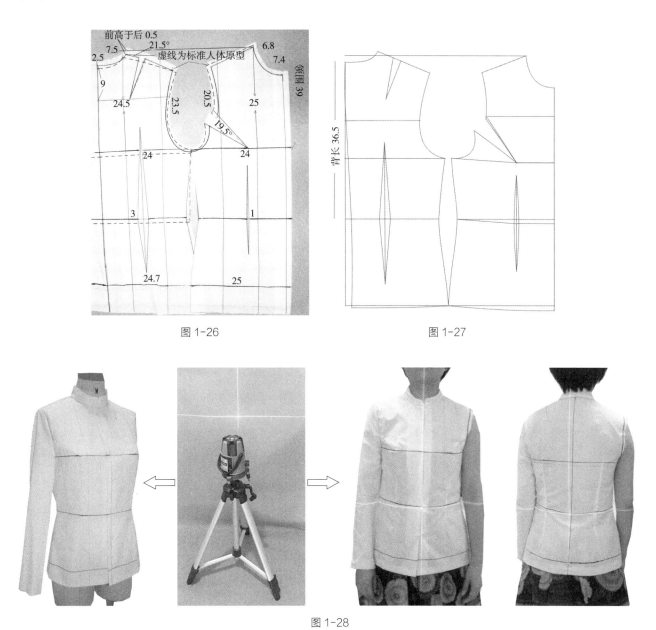

图 1-26　　　　　　　　　　　　　　　　图 1-27

图 1-28

1.3.3　腰臀原型的立体使用案例

腰臀原型不仅可用于平面裁剪，在立体裁剪中也有应用价值。以下为衬衫前身覆式立体裁剪应用。

（1）将夏装母型制作基型坯样（纸型也可以）覆在人台上（图1-29）。

（2）将前身坯布覆在基样上，固定前中；粗裁领口，固定肩颈点，由该点向下放出一个大活褶，褶边在袖窿一侧，盖过BP点1cm，在此别合此处里外三层坯布（图1-30）。

（3）沿搭门线折转下层坯样作为门襟贴边，画上纽扣位标记，造成两件套的假象。剪开大活内褶止口，使之成为假外套的表、里两层。表层坯样对准BP点折第一个横褶，往下再等距离折四个横褶（在五个横褶间要锁眼钉扣），与此同时理顺布样，推出正、侧转折面，钉住这表、里两层，各部位标线裁剪，清剪斜襟与摆边（图1-31）。

（4）图1-32为成衣假两件套效果展示。将裁片读入CAD，输出大货生产样板（图1-33）。因为有母样垫底，前身皱褶立体造型操作就比较简便，尤其适合初学者与缺少立体裁剪操作基础者。

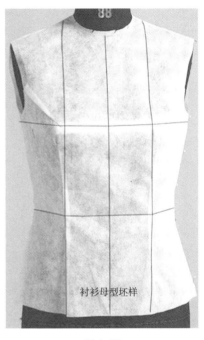
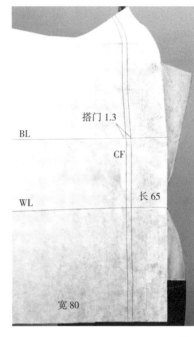

图1-29

图1-30

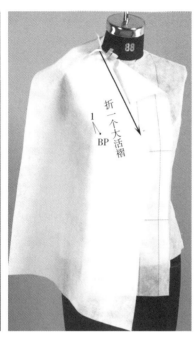

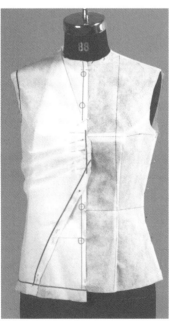

图1-31

图1-32

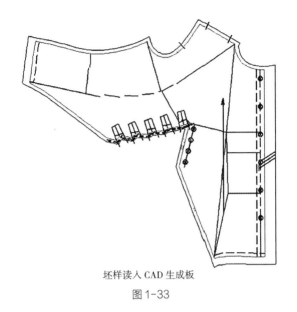

坯样读入 CAD 生成板

图 1-33

1.4 结构平衡与胸省

板型的第一标准是结构平衡：服装表面要平顺，丝缕走向自然，无牵吊拧皱、横勒、斜向皱褶等不良现象；造型面与面之间转折分明，立体感强而不走形；裁片与结构线关系合理，自然适度不累赘；门襟不搅不豁，平挺直顺，重心稳定，穿着舒适。

应用二维材料包裹人体必定会产生浮余量，胸省可以去除浮余量。这个浮余量有两种理解：塑造胸侧转折面时产生的浮余量；正、侧面纵向长度差。胸省处理是影响结构平衡的关键。

胸省量与廓型、前后衣长差密切相关，不同的廓型与结构对于胸省量与前后衣长差的需求又有差别，下面以实验来展示说明。方法：原型与立体裁剪结合，结构左右不对称，右边是贴体型，左边为落肩式宽松矩形（图1-34）。

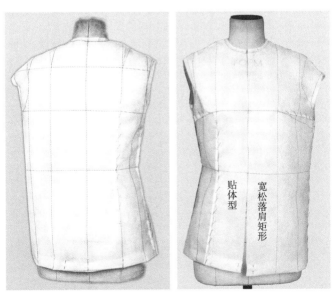

图 1-34

1.4.1 前身

（1）前身坯样准备，将原型对称画好。裁剪原型领口，固定前中（图1-35）。

（2）右侧贴体型裁剪，剪开侧缝腰口毛边，以BP为转折点，塑造廓型、固定，原型的胸省有0.3~0.5cm被用于袖窿转折面上，HL有3~4cm空间量。裁剪肩缝、袖窿，捏缝胸省（图1-36）。

（3）捏缝腰省至底部；整理右侧廓型；裁剪侧缝，各部位标线（图1-37）。

（4）左侧宽松裁剪，塑造宽松矩形，正面拓宽至胸侧，上下理直，肩端点成为矩形的着力点。落肩部分顺应胸廓转折，包覆在手臂上。正面廓型平面化，胸部浮余量减少，胸省量约为右边贴体型的1/3（图1-38）。

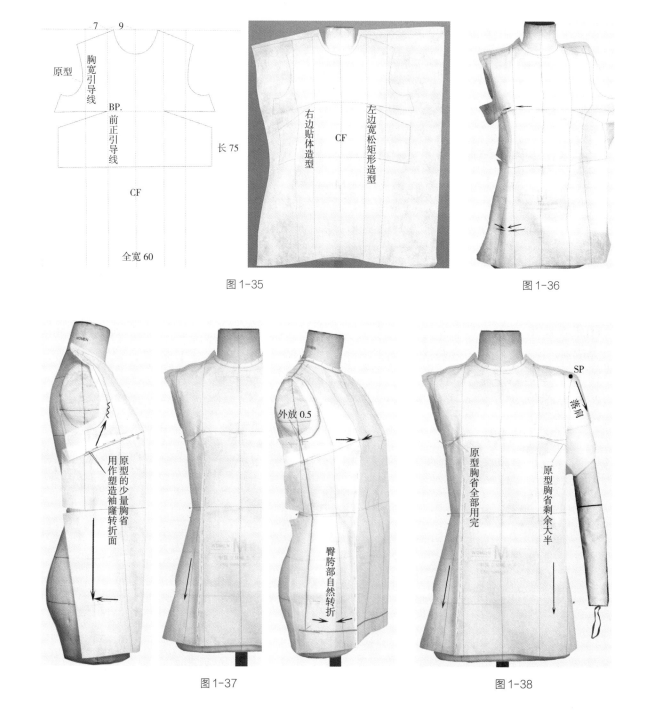

图1-35　　　　　　　　　　　　　　　图1-36

图1-37　　　　　　　　　　　　　　　图1-38

（5）裁剪肩缝、袖窿。捏缝胸省，整理左侧廓型，各部位裁剪。整个前衣身标线，右边贴体型侧缝上端外放0.5cm，目的是为装袖结构加放一个活动量，胸围、袖窿结构基本同原型（图1-39）。

（6）前身左右结构比照。右边贴体型的正、侧转折面在腰围线以上是以BP和胸宽引导线为界，廓型立体感极强，腰围线以下转折随体型变得平缓。左边宽松落肩型的正、侧转折面基本上以原型的胸宽引导线为界，廓型较平面，胸省量大为减少，但是如果去掉它会引起结构不平衡（图1-40）。

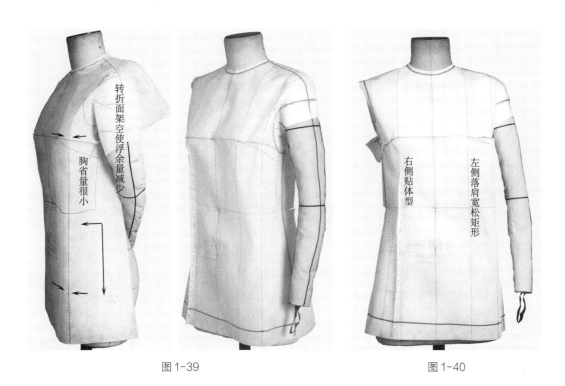

图1-39   图1-40

1.4.2　后身的贴体与宽松比较

后身坯样准备。尺寸与裁剪法同前身（略）。

（1）分别塑造、裁剪左右侧廓型，原型的肩省分别向后领口、肩缝转移。左后侧宽松矩形裁剪，在背侧理直廓型，在背宽线以下形成丰富的浮余量。标记肩缝、袖窿，重合肩缝与侧缝（图1-41）。

（2）右后侧贴体裁剪，塑造右侧贴体廓型，胸围、下部袖窿基本与原型相同，HL总松量8~10，以免门襟豁开。裁剪肩缝、袖窿，重合肩缝与侧缝。捏缝腰省。各部位标线（图1-42）。

（3）后身结构的侧面比照：廓型不同，但是侧缝的垂直度要求一致。左后宽松落肩型的正、侧转折面基本上以原型的背宽引导线为界，由于背宽以及背部戗势（指肩袖部松量）的原因，宽松矩形在原型之外追加的松量、袖窿宽会大于前面许多（图1-43）。

（4）坯样组装完成（图1-44）。

（5）坯样平面展示（图1-45）。

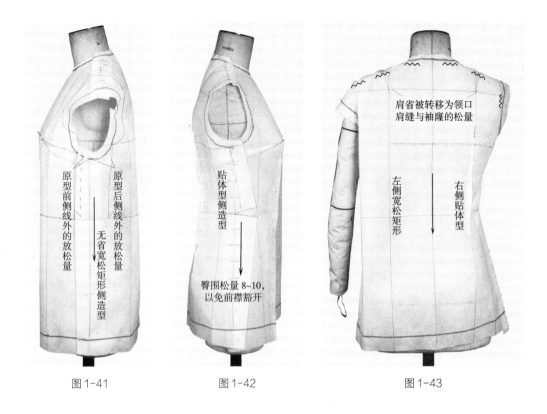

原型前侧线外的放松量

原型后侧线外的放松量

无省宽松矩形侧造型

图 1-41

贴体型侧造型

臀围松量 8~10，以免前襟豁开

图 1-42

肩省被转移为领口肩缝与袖窿的松量

左侧宽松矩形

右侧贴体型

图 1-43

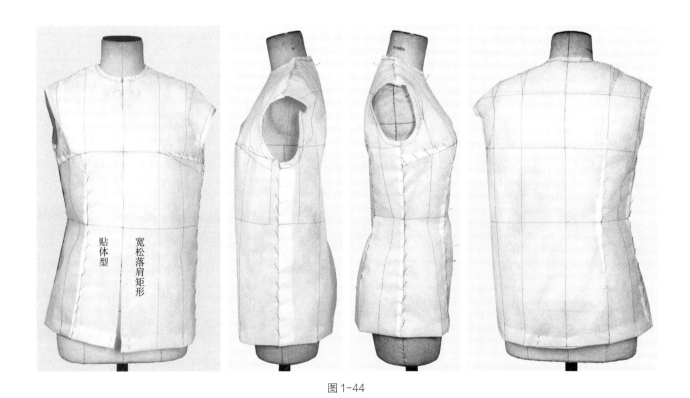

贴体型

宽松落肩矩形

图 1-44

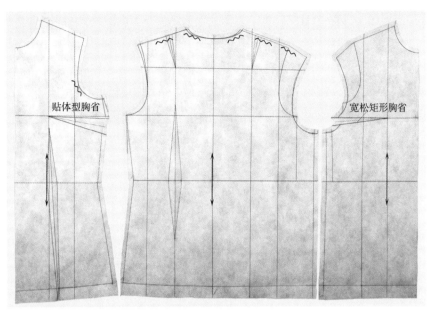

图 1-45

1.4.3 男装的胸省与母型

胸省设计在男装也不可或缺。男装胸省转移，如前中的增长撇门。男西服的撇门就出于此。

如图 1-46 所示，男 T 恤前身的横条上挑就是因为缺了撇门，胸围以上前中长度不够。

一家大型户外服生产企业具有一流的生产设备，广阔的海内外市场，拥有三十多位制板师。针对内销市场要求提升板型的呼声，首先建立了男户外羽绒服母型，在前衣身样板上增加一个胸省，再转移至前中与领口。确认结构平衡后，再按此做成母型样板；拉链"吃"掉前中的松量，领口的松量使前领围增大，包住下巴达到御寒效果（图 1-47）。

图 1-46   图 1-47

1.5 平面裁剪的立体补正

平面裁剪常见问题包括：不良皱褶；穿着后不能随体平服转向，廓型松散；缺乏立体感，前襟吊翘、领子后仰等。这些弊病起源于结构不平衡，在无省款中尤其明显。如何才能消除这些问题？无省款真的是无胸省吗？下面的立体调板能回答和解决这些问题。平面制板后立体验板及调板，行之有效且方式简单，能快速发现平面裁剪的不足，全面提升制板水平。本节将分别介绍纸型调板与坯样调板，两种调板法的共同前提是样板上、坯样上须有便于结构分析的重要部位标识和提示造型的引导线（三围线、前中线、后中线等），原型裁剪的板型须保留原型演变的底图，这些能引导我们直观地查察与解决板型的质量问题。

1.5.1 无省H廓型落肩袖大衣纸型补正

意大利著名的科菲亚高级时装及造型艺术国际学院的立体裁剪就是以纸为材料。将样板黏为纸型衣是简单又快速的验板、调板的方法。分两个流程，先利用CAD把几个主要部件绘制出来，黏为纸型后让打板师及设计师审阅，再通过立体调整局部和细节解决问题，完成板型。这样板型相对比较完善，因此有些公司也会采用黏纸型作为招聘打板师的考试手段之一。

图1-48

为方便观察，本案例样板使用正面白色、反面彩色、具有光泽度的纸张。领子为净板，其余是毛板。

（1）大衣效果图，无省H型，双排扣，方格呢料（图1-48）。

（2）结构图，原型裁剪，CAD出板，前长肩线部比原型下落2cm，后身肩线则增高1cm。胸省取消，前片起翘1cm（图1-49）。

（3）给人台加垫毛料贴边。大衣面料厚，内部贴边会占据一定的内部空间，尤其是在领口、肩颈部位还有两个缝边的厚度，对于结构会产生重大影响。因此，需要给人台覆上粘了衬的毛料门襟与后领口贴边，画上相应的线条（图1-50）。用珠针在肩颈处适当撑高内部空间，以替代面料的厚度（图1-51）。

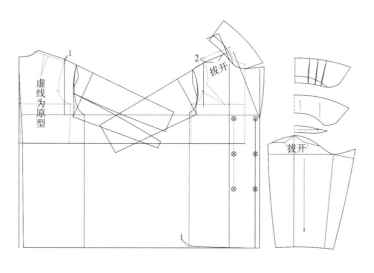

图1-49

图1-50

图1-51

（4）黏合纸型。黏合衣身，装领，钉纽扣。纸型挂正在人台上，前中不作固定。出现了侧面转折不过去，不良皱褶严重，三围线上翻，前中从上到下外撇。将纽扣钉实在人台上之后，结构仍不平衡（图1-52）。

（5）如图1-53所示，后身包臀，下摆内收，侧缝前倾，H不成型。

（6）调板，拆开侧缝，将前衣身、后衣身纸样各自塑成正侧面转折分明的H廓型；固定（图1-54）。

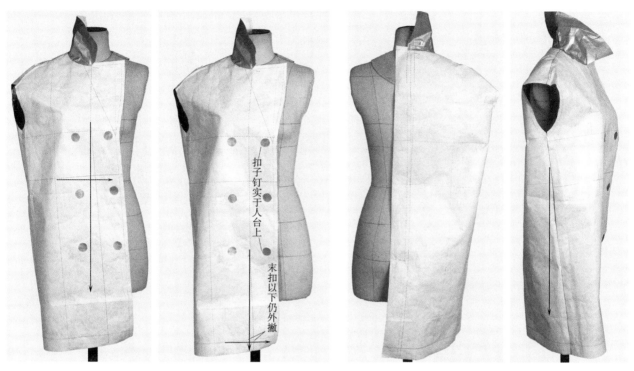

图1-52　　　　　　　　　　　图1-53

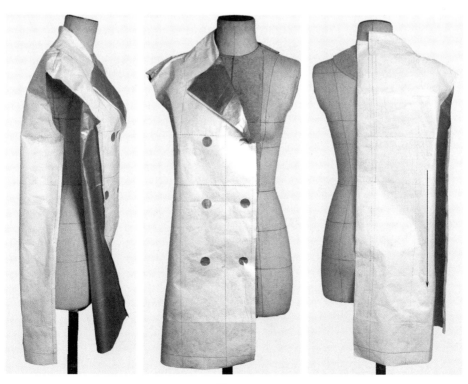

图1-54

（7）粘合侧缝，前身纸样下端短了2cm，上端长了2cm，要将此作为胸省，转移为松量，在表面上无胸省缝，也称胸省隐形转移。拆下领子，折叠胸省，剪开门襟、领口；门襟开口量以能宽松地包住所在部位为宜，余量移往领口，开口处将纸样反面朝外粘补。将领子下口剪开、粘补，开口量与领口对应（图1-55）。

（8）完成装领，翻折驳头，折光缝边。翻折线适应了双排扣门襟边缘人体之凹凸部位所需，还能顺应纸样在此处多层材料重叠占用空间所需。门襟服帖，三围线回归正常位置（图1-56）。

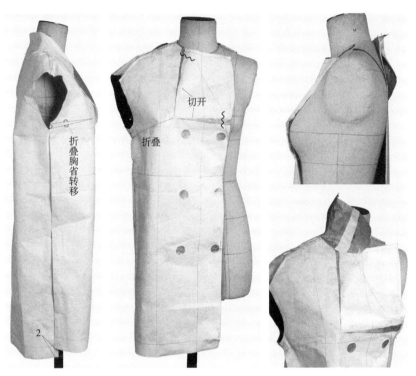

图1-55

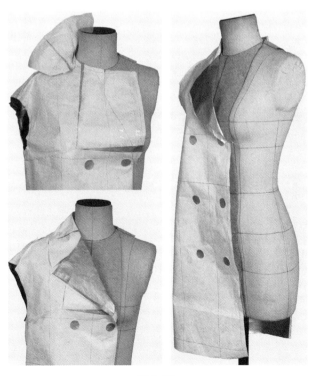

图1-56

（9）装袖，上部袖山缝边朝外，在不固定门襟的状态下，形态自然，门襟顺直（图1-57）。

（10）组装，折光缝边，前长在摆边前中部位再加长2cm，确认造型（图1-58）。将部分胸省转移加长门襟或加大领口的做法同样适合有胸省、尤其是双排扣的款式。

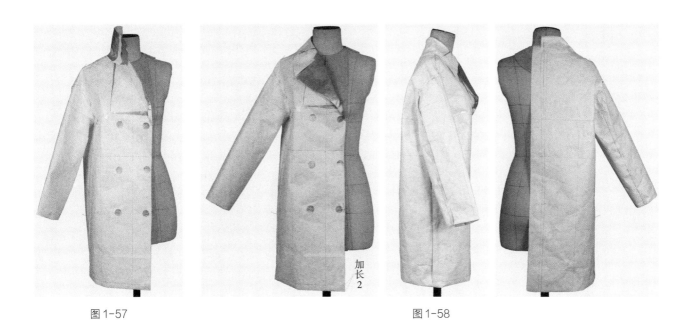

图1-57   图1-58

1.5.2　无袖连衣裙无纺布坯样立体补正

纸型调板相对简单快捷，但纸型不能穿着，材质硬挺，难以体现一些服装面料性能与款式的动态变化。坯布调板的适用范围广，可以穿着，排除了色彩等结构以外的干扰，便于辨析纱向与结构。因此高级成衣、高级定制和有志迈向高端服装领域的公司都制作坯布样来试穿、调整、确认板型与廓型。坯布又分为有纺与无纺两大类。无纺坯布优点很多，免烫、透明，能清晰显示人台与下层的基准线条，方便操作，剪坏了可用纸胶粘补，无纱向不容易变形，可以直接输入CAD生成样板，价格便宜等。立体裁剪使用无纺坯布较为普遍，许多公司开发产品的坯样也用它，本款即是其中一例。

（1）结构图，原型裁剪，CAD出板，结构为两片式（图1-59）。

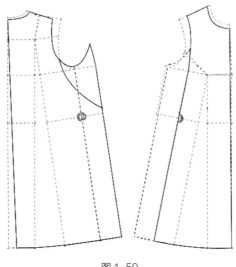

图1-59

（2）坯样问题。前身腋下袖窿松弛；A型扩摆从BP直挂而下，不够美观（图1-60）。

（3）重整廓型。拆开侧缝，剪开上部袖窿缝边，将转折面从BP点推向袖窿侧，捏别下部袖窿的浮余量。将顺前后廓型，将三角片与侧缝交点A作为着力点往上提拉，保住廓型；摆平、固定袖窿门，别合侧缝（图1-61）。

（4）卸下捏别浮余量的大头针，将浮余量移入上部侧缝中；覆上腋下三角片，补正三角片结构线。组装（图1-62）。

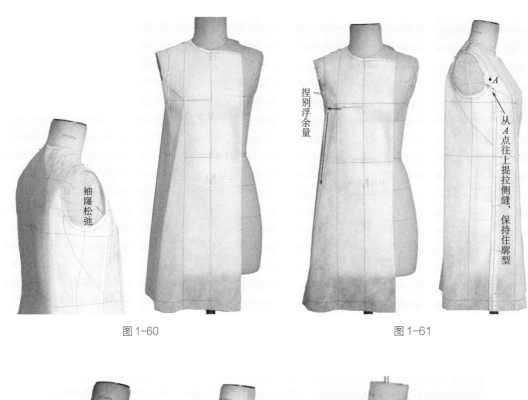

图1-60　　　　　　　　　　　　　　　　图1-61

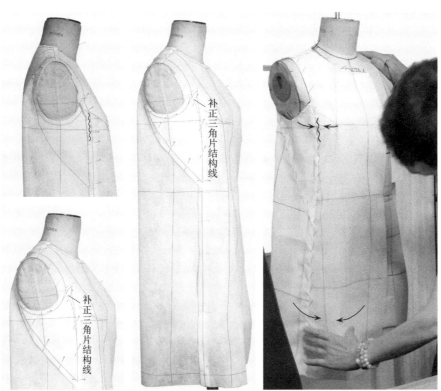

图1-62

（5）审视组装效果，推敲原坯样的弊病源头。众所周知，胸围、肩宽与胸省量呈反比关系，所以文胸的胸省量最大。本款窄肩无袖，下部袖窿往BP靠近，体表往内凹陷，原型的胸省量自然不够，所以出现浮余量，这在平面裁剪中是很难预测的，立体调板弥补了这个不足（图1-63）。

（6）按立体调板的结果补正样板（略）。板型调整后的研发样使用替代面料制造。坯样补正并非是结束，材料、工艺等也会影响效果，所以最终的样衣需要用正式或垂感相似的替代面料制作验证（图1-64）。

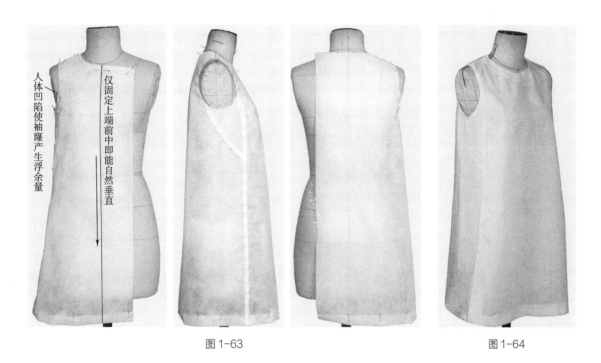

图1-63　　　　　　　　　　　　　　　　　　　　图1-64

1.5.3　A廓型插肩袖大衣无纺布坯样补正

学习插肩袖的立体调板与造型技能，深入了解平面裁剪插肩袖原理。

（1）弊病观察与分析。袖子腋下起皱褶，由袖子的倾斜度与袖山高不足引起。前襟搅盖，扩摆量过于集中在BP下方，由转省与扩摆不当所致（图1-65）。

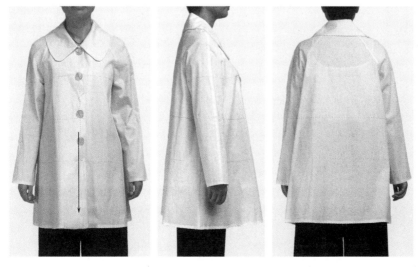

图1-65

（2）结构图，原型裁剪，CAD出板（图1-66）。

（3）按上节H廓型无省大衣讲述的方法给人台覆上门襟内贴边。裁剪坯样时增画引导线，给领口、上部袖窿与袖山适当多放缝边。固定后中、前中。拆开侧缝，从上往下重塑A廓型，将前身转折面向上方袖窿提拉、固定，前领口、上部袖窿出现松量，前胸显得饱满、平整（图1-67）。

（4）后身的放松量在塑型时自然形成，要归拢在领口与袖窿的中上部。坯样在背部纵向适当放松，以适应肩胛骨的隆起（图1-68）。

（5）重合侧缝，前侧缝整个上提，重标前袖窿线；装上手臂；别合前袖样，将袖样摆正，固定肩缝（图1-69、图1-70）。

（6）袖山上部转角处出现松弛，捏别松弛量，在内袖转折处标对位线，袖山装合至此；将下部袖山往手臂内侧转服帖，剪开缝边试装一下，袖山比原来增高约2cm（图1-71）。

（7）下部袖样顺应手臂状态覆合、折转：袖中缝自然绷紧，抻开、在中缝内侧固定，标袖中线；内袖缝在

图 1-66

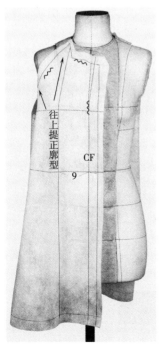

图 1-67

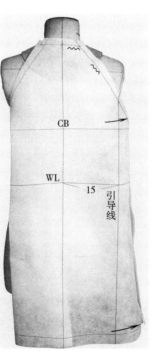

图 1-68

图 1-69

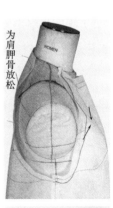

图 1-70

肘弯处出现松弛，折别松弛量，确认造型（图1–72）。

（8）抬起手臂，正式缝装下部袖山。按一定的角度抬起手臂，要活动自如，内袖缝固定，标线（图1–73）。

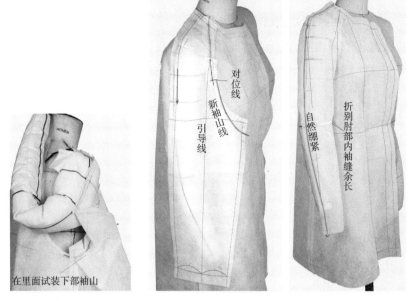
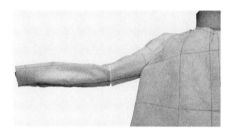

图1–71　　　　　　　　　　　　　图1–72　　　　　　　　　　　　　图1–73

（9）后袖窿标线，在转折面内侧处标对位线。装后袖样，袖山装合至对位线处，呈现松弛状态，捏别松弛量（图1–74）。

（10）摆正袖样，此袖出现自然松量，将肩部与袖中段出现的松量自然归拢，重合袖中缝。将下部袖山往手臂内侧转服帖，试装一下，初步确定后袖山的新高度。剪开下部袖山缝边、装合袖山。袖样包转手臂，理顺袖型（图1–75）。

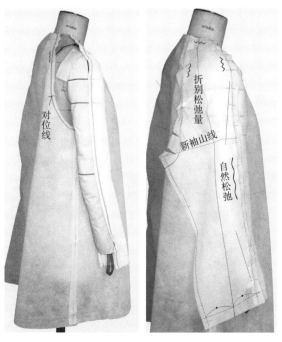
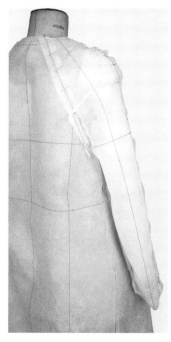

图1–74　　　　　　　　　　　　　　　　　图1–75

（11）后内袖缝出现自然的松量，要抻开前袖缝，抓合内袖缝。拆去袖子在手臂上的大头针，在悬空状态下自然合体为好（图1-76）。

（12）由于肩颈处结构上的变化较大，需要重标领口线。装领的领口有变化，装领要顺应领口线才能服帖（图1-77）。

（13）按立体调板的结果补正样板（略），用替代面料裁制完成样衣（图1-78）。

质地平挺的无纺布还有一个用途：代替样板纸，用喷墨打印机打印成样板，直接就可以用立体裁剪手段调整。

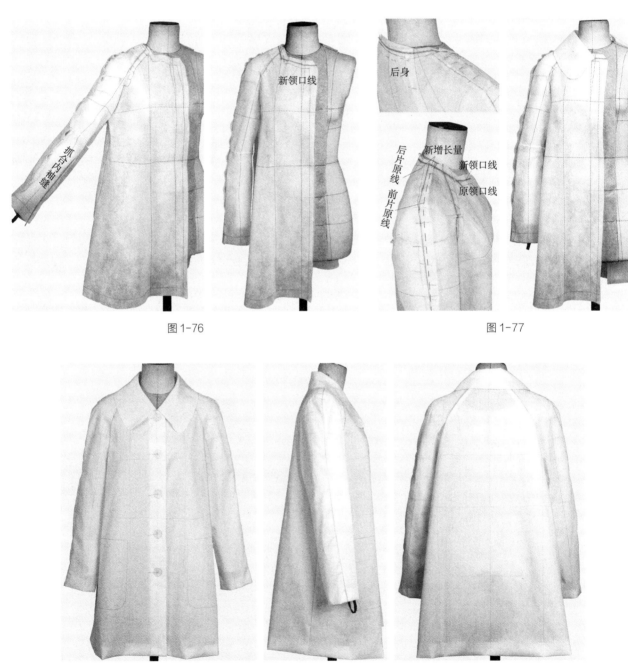

图1-76　　　　　　　　　　　　　　　　　　　　　图1-77

图1-78

1.6　日常基本款衣袖与立体裁剪

　　日常基本款衣袖打板具有相当高的技术含量，是衣袖打板入门的基础。按与人体的贴体度分类，有三大类型：宽松体、较贴体、贴体。本节从平面、立体两方面对其进行探讨，追溯至源头，工艺的一系列处理变得直观易懂，使人能灵活应用，自由发挥。

1.6.1　一片袖结构制图与着装要求

1.6.1.1　宽松、平直型一片袖结构图与着装适应范围

（1）以原型为例，应用CAD制板，按原型袖窿制订袖子的基础结构，完成袖子制图。样片在平面上折合为筒型后，整个袖子结构形态平直，袖山圈结构称袖眼睛，袖眼睛前后侧差别不大（图1-79）。

（2）裁剪袖样，袖山缝缩。在距离净线0.2cm的缝边上用大针距平缉一圈，后将吃势抽缩均匀，别合袖筒（图1-80）。

（3）装袖。袖形平直，方向后偏，活动性能好，在宽松与较宽松、休闲式的衬衫、夹克等类型服装中得到广泛应用（图1-81）。

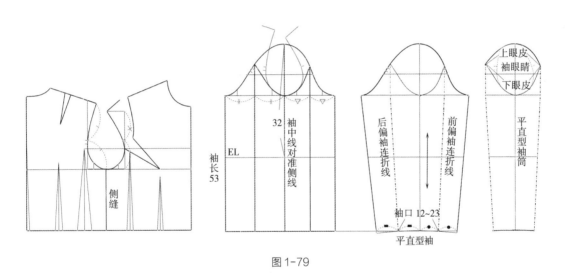

图1-79

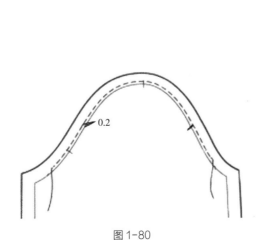

图1-80

图1-81

1.6.1.2 较贴体型一片袖结构生成与立体裁剪

（1）在自然状态下手臂往前摆的状态，在腕骨处超过侧缝。对于较贴体的服装而言，袖窿、袖片结构要顺应这种态势（图1-82）。

（2）平直型袖着装状态，袖口前顶后空，内袖纵向出现松弛（图1-83）。

（3）在前偏袖连折线的袖山处折别松弛量，袖中线即往前撇，袖口适中，整个袖型变得较为贴体（图1-84）。

（4）以上实证说明，与平直型一片袖比较而言，较贴体型一片袖的前偏袖袖山在连折线上需要缩短，袖中线要前撇，其他部位相应随之变化（图1-85）。

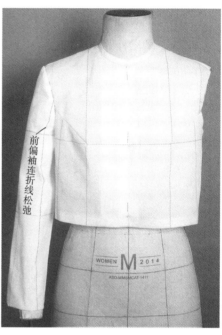

图1-82   图1-83

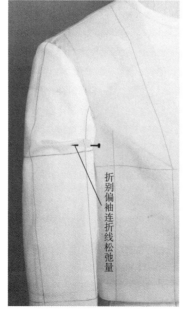

图1-84

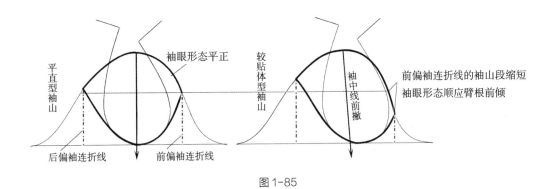

图 1-85

（5）较贴体型一片袖制图，以平直型袖为基图，做整体结构的改变。平直型一片袖坐落在窿门的中间，袖山中线与侧缝线在同一条垂线上，较贴体型的袖山中线需要后移2cm或更多。前偏袖连折线缩短，前后袖山弧线随之变动（图1-86）。

袖筒的立体化设计：前偏袖连折线下端前撇0.7~1cm，袖口随之前移；连接侧缝线上端与袖口中点成为内袖缝线；后袖肥线与内袖缝线垂直相交，后袖山因此下落，前后各以偏袖连折线为对称轴绘制下眼皮线，整个袖眼睛产生往前倾斜的结构性变化，达到与人体腋窝纵切面、袖窿相匹配；后偏袖连折线与后袖肥线垂直相交，与袖口之间的余量即为袖口省（图1-87）。

展开袖筒：前后各依偏袖连折线做对称（折）展开，前凹后鼓的肘部结构使内袖缝线后面增长，前面交叉（不足），在工艺上做归拔处理。连接袖山与袖口中点即为袖中线，纱向线与此平行（图1-88）。

（6）袖筒结构的回归。将纸样折返成袖筒，修整、完善结构（图1-89）。

（7）裁剪袖样，别合袖筒，袖山缝缩，观察自然状态；袖型前撇、袖山与窿门形态向前的走向接近（图1-90）。

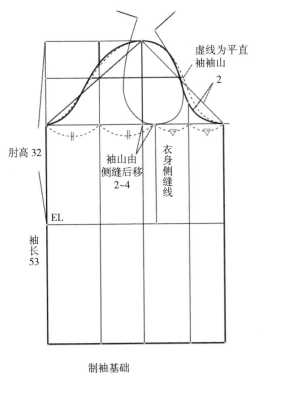

制袖基础

图 1-86

袖筒制图

图 1-87

（8）较贴体型一片袖试验型装袖：将袖子置于袖窿内，用大头针大致装缝，能查察、纠正袖型及其与窿门的适合度，如果袖位偏后，可以将前袖山下部缝边往上提拉，直至达到所要的前撇形态，反之亦然。之后再展开对于袖片样板的补正（图1–91）。

（9）直接在正面装袖的方法较为常见，在窿门开始缝装时就将袖位摆好，这样可能袖山中线会向前或向后偏移，袖山缝边宽度会有所增减，都要服从装袖需要，之后再按装袖情况补正坯样、样板（图1–92）。

（10）平直型一片袖（左）与较贴体型一片袖（右）袖型比较（图1–93）。

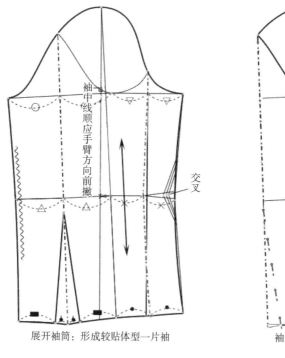
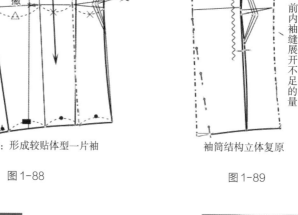

展开袖筒：形成较贴体型一片袖

图1-88

袖筒结构立体复原

图1-89

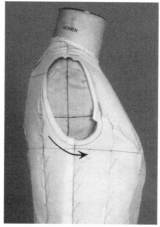
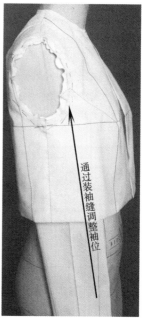

图1-90

图1-91

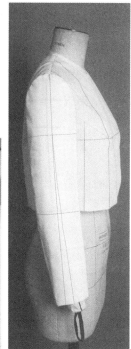

袖山缝份增加

图 1-92

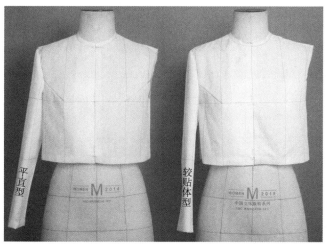
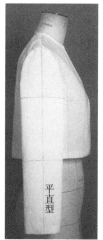

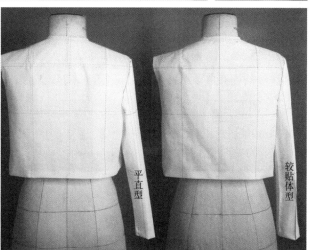

平直型 　较贴体型　平直型

较贴体型　平直型　较贴体型

图 1-93

1.6.2 贴体型两片袖结构制图与应用

1.6.2.1 扣势型两片袖结构图

与较贴体型一片袖比较，本款与手臂更加贴合，尤其是肘部，扣住臂弯往里转，常用于西服。

（1）扣势型袖基础结构图，基本部位尺寸同一片袖，袖中线由侧缝后移4~6cm，前窿门适当挖空，缩短下部袖山的前偏袖连折线。侧缝线垂直延伸至袖口作内袖中线（图1-94）。

袖筒贴体化设计，前偏袖连折线下端前撇1.5~2.5cm，大于较贴体型一片袖。前后各以偏袖连折线为对称轴，绘制下眼皮线，整个袖眼产生往前倾斜的结构性变化也大于较贴体型一片袖。前偏袖、后偏袖连折线与袖口线垂直相交（图1-95）。

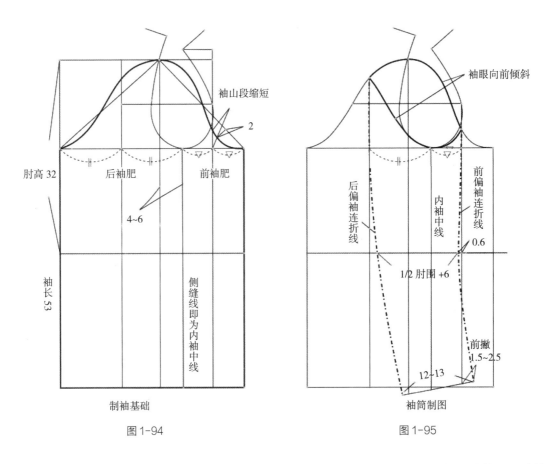

图1-94　　　　　　　　　　　图1-95

（2）偏袖设计，设定前偏袖、后偏袖大小，确认袖筒结构。前后各以偏袖连折线做对称轴展开袖筒，前凹后鼓的肘部结构使内袖缝线后面开口（增长），前面交叉（不足），在工艺上做归拔处理。为减少归拔量，小袖长度在袖口处缩短0.3cm（图1-96）。

（3）两片袖结构组合（图1-97）。

（4）扣势袖组装后的效果（图1-98）。图1-99为迪奥的舞会男装，18世纪复古凡尔赛宫廷风格，扣势袖的肘弯贴体与袖口前撇与此相似。

1.6.2.2 贴体型两片袖应用设计：扭势袖制图

（1）扭势袖的基础结构制图法同扣势袖（步骤略），尺寸变化：袖长加长至58cm；肘高29cm，拉长袖子下部的比例；袖筒贴体化与偏袖设计，袖口前撇加大至2.5~3cm。前偏袖量上下相差较大：袖肥1.1cm刚够转折，

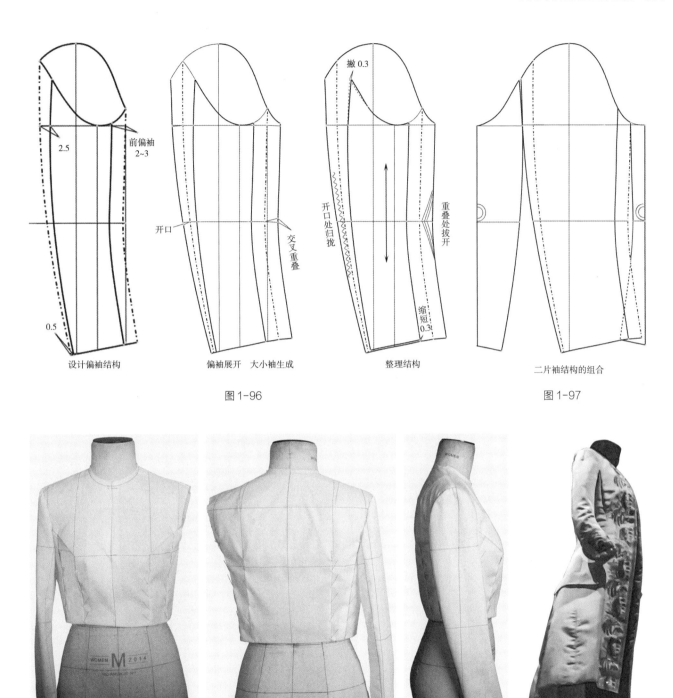

图1-96

图1-97

图1-98

图1-99

袖口2.6cm。对称展开袖筒，大袖、小袖的内侧袖缝在工艺上的归拔原理同扣势袖（图1-100）。

（2）小袖后袖山前撇1.5~2cm，肘部以上的结构随之朝前倾斜，这个变化使得袖山圈浑然圆转；袖口上移0.5cm，以减少袖缝的归拔量；画顺结构线（图1-101）。

（3）袖筒结构的回归。将纸样折返成袖筒，修整、完善结构。大袖、小袖的结构组合图可显示结构的变化（图1-102）。

（4）扭势袖（左）与扣势袖（右）的比较，前者更加贴体化（图1-103）。

（5）人体手臂在肘至腕骨向内扭转。扭势袖组装，因为袖口前撇量大与大袖、小袖的袖口差量大，致使袖子下部起"扭"，正适应了下臂往内扭转的态势（图1-104）。

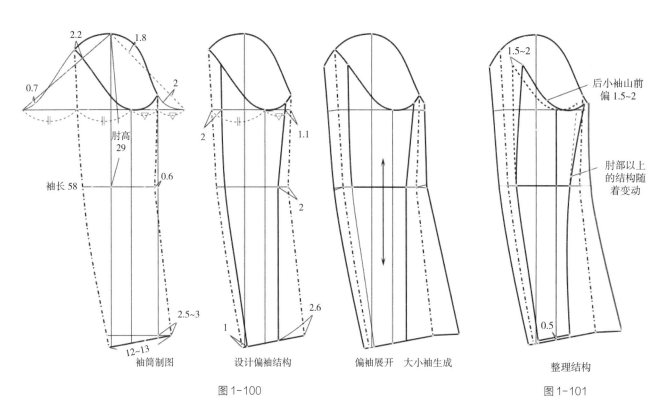

袖筒制图　　　设计偏袖结构　　　偏袖展开　大小袖生成　　　整理结构

图1-100　　　　　　　　　　　　　　　　　　　　　　　　图1-101

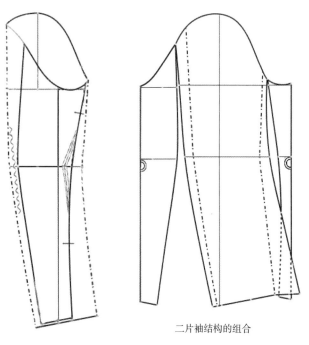

二片袖结构的组合

图1-102

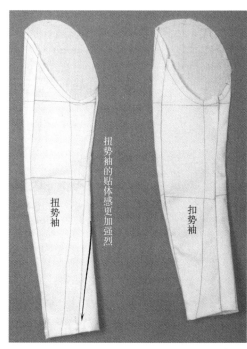

图1-103

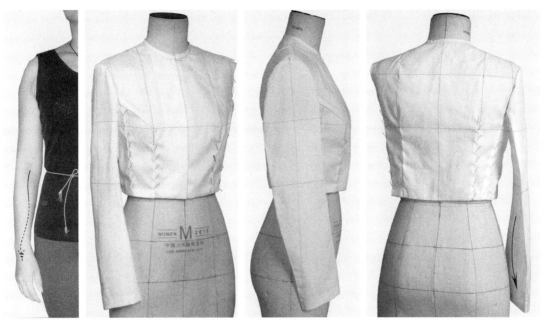

图 1-104

思考与技能训练

1. 为人台裁剪外包围样

（1）计算外包围坯样的长、宽，长至人台底部，前、后中线外的缝边另加。宽按人台半臀围加放，松量2~3cm。矩形式的水平包围圈要转折分明，转折面的内空间是结构平衡的前提（图1-105）。

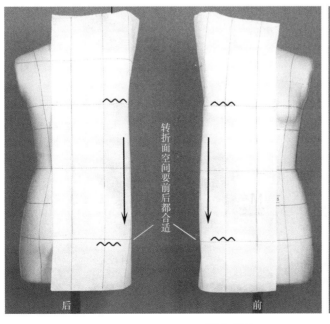

转折面空间要前后都合适

后　　　　　　前

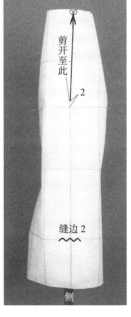

剪开至此

2

缝边2

侧

图 1-105

（2）剪开BL以上的侧中线，各部纵向收省使坯样贴体化。将前胸、后肩背部的浮余量捏合为胸省、肩省（图1-106）。

（3）组装，完成坯样的立体裁剪。整理外包围坯样，比较与所使用原型的异同，查找与补正人台的不足（图1-107）。

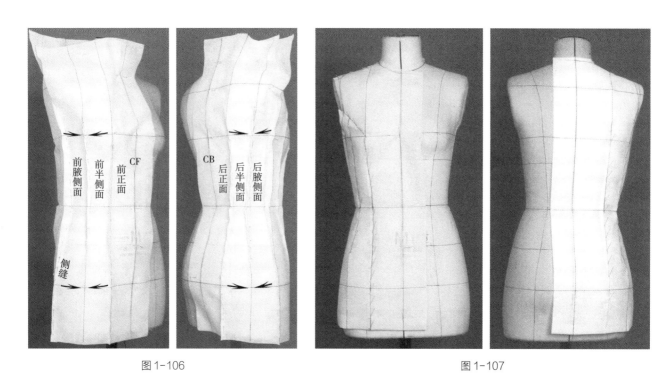

图1-106 图1-107

2. 在日常服装中寻找弊病并进行立体调整

（1）连衣裙领口褶的立体调整。此款结构简单，省道转移也没错，打板师却常常为领口褶难看的问题苦恼，立体调板板型只需微调，就能解决问题，将坯样在人台上摆放端正、固定，领口抽褶，用镊子将碎褶立体调整至满意状态，再重标领口、袖窿线（图1-108）。

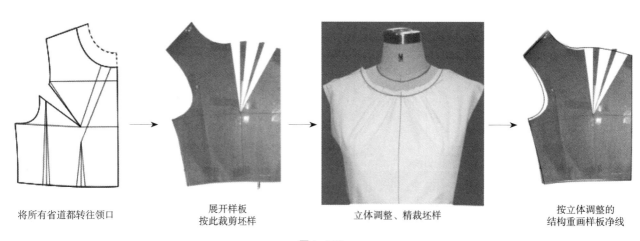

将所有省道都转往领口　　展开样板 按此裁剪坯样　　立体调整、精裁坯样　　按立体调整的 结构重画样板净线

图1-108

（2）下面是某公司用原型裁剪的连衣裙母型，坯样问题较大，立体调整解决了问题（图1-109）。

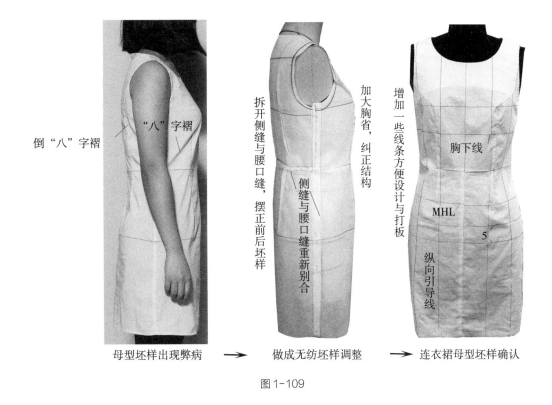

倒"八"字褶　　　"八"字褶

拆开侧缝与腰口缝，摆正前后坯样　　侧缝与腰口缝重新别合　　加大胸省，纠正结构　　增加一些线条方便设计与打板　　胸下线　　MHL　　5　　纵向引导线

母型坯样出现弊病　→　做成无纺坯样调整　→　连衣裙母型坯样确认

图1-109

2 皱褶的视觉艺术

"褶"造型发展至今，形态千变万化，被各类型服装所广泛应用。由于皱褶结构的复杂性和"随意"性，使大部分褶造型需要通过立体裁剪来完成。皱褶的位置、形状、大小、方向、疏密、结构关系等均对服装结构及视觉审美产生巨大的影响。皱褶的造型设计，必须符合人体结构及运动空间变量的要求，要符合服装原廓型的美感需求，以达到锦上添花的作用，还要考虑服装面料悬垂性对褶造型的适应程度，以及服装风格意图的表达，所有因素的考量将"褶"推到服装设计的风口浪尖，同时也让我们享受着无"褶"不欢的视觉盛宴。

时尚如潮水般来来往往，更迭不断。因篇幅限制，本章的服装皱褶形态只挑选较有代表性的作品进行详解，虽不能言而尽之，但可以由此开拓思路，举一反三，以点达面，灵活求变。

2.1 领口褶

此款七个褶造型各异，右侧两个活褶解决胸省转移。中间为一个环型褶绕向左胸侧，一个褶跟随；左侧三个褶往左肩旋转，涡涡螺旋褶，"送我上青云"（图2-1）。

领口褶造型

（1）人台标线。七个领口褶位，肩缝，袖窿线；坯样准备，整个坯样BL以上尺寸为27cm×30cm×2cm（图2-2）。

（2）BL保持水平，BL以下部分裁剪、固定。BL以上右侧浮余量推向领口。裁剪右侧袖窿、肩缝（图2-3）。

（3）剪开领口中线，对着褶位线将浮余量分折为褶①、褶②两个活、裁剪定型。将左侧浮余量推向领口，折褶③，为通向左侧窿门的环型垂褶，在领口与袖窿双向剪开坯样折褶，塑造垂褶形态（图2-4）。

图2-1

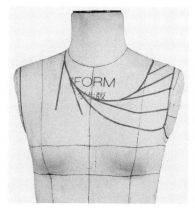

图2-2

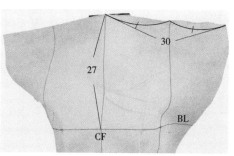

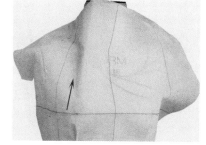

图2-3

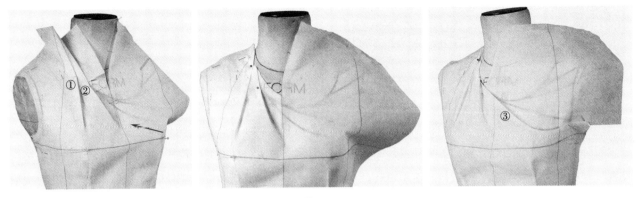

图2-4

（4）裁剪褶④，褶尾至窿门，需要剪开褶尾处缝边，使之服帖。裁剪褶⑤、褶⑥，两个褶头量较大，都要剪开褶尾缝边（图2-5）。

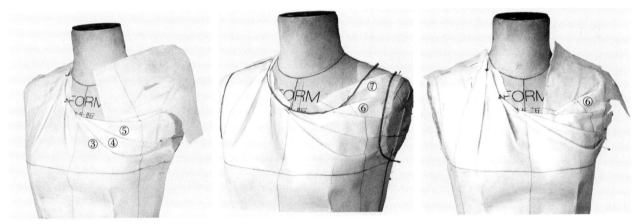

图2-5

（5）裁剪褶⑦，清剪领口、左侧袖窿，各部位标线，组装（图2-6）。

（6）整理领口褶（图2-7）。

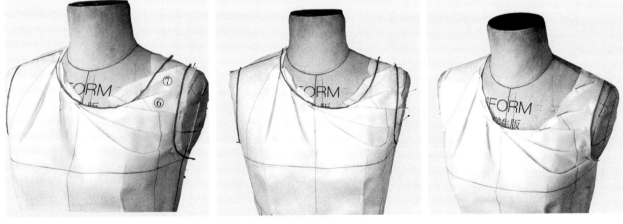

图2-6

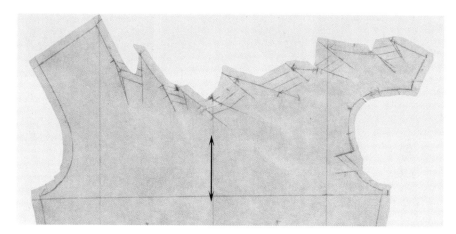

图2-7

2.2 不对称驳领与转省

此款重点在于运用褶饰造型手法进行不对称领的设计，将胸省转移与西服领裁剪巧妙地结合起来，产生更具立体效果且灵气生动的领型，视觉效果甚佳（图2-8）。

本款为四面构成连袖衫，此节重点在不对称领的裁剪方法，其余部分从略。

（1）人台标线，右前片坯样准备，固定前中（图2-9）。

（2）BP留0.5cm空间量，推平胸线以下布料，腰线处留适当空间量，标公主线，从衣摆底边向上粗裁，至BP斜向开刀口。依据右领褶形状及大小，折转布料做出假驳头造型。驳头内折线与人台前领口线一致，标顺公主线、肩缝、前领口、串口等线（图2-10）。

图2-8

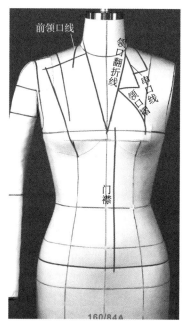

图2-9

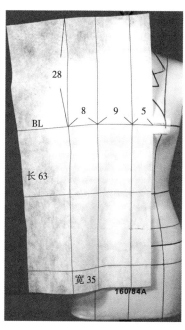

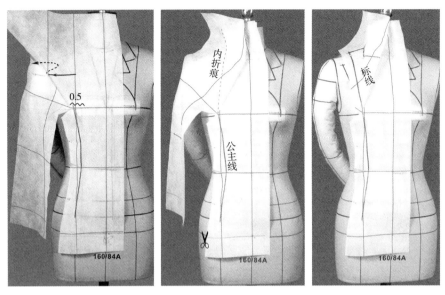

图2-10

（3）完成各部位裁剪（图2-11）。

（4）左前片坯样准备，固定前中，操作方法同右片，以BP为褶尖依据人台标线方向做褶①，宽约3cm，翻开褶①，在折痕外剪开口（图2-12）。

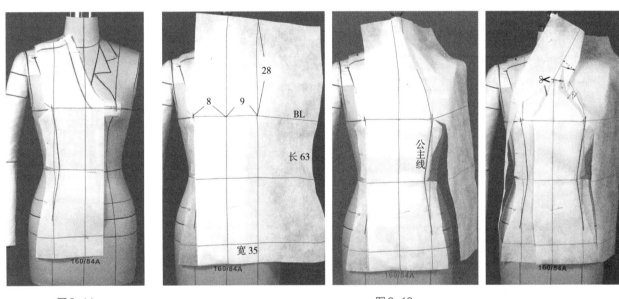

图2-11   图2-12

（5）对应领口褶外翻，标内外层串口线，返回原状，各部位裁剪（图2-13）。

（6）后衣身连袖裁剪（略）。领坯样准备，领座宽3cm，翻领宽4cm，裁剪方法同西服领（图2-14）。

（7）粗裁完成领型（图2-15）。

（8）坯样平面整理（图2-16）。

（9）组装，确认（图2-17）。

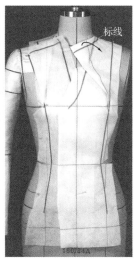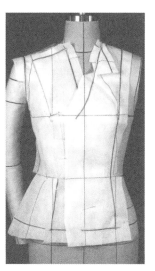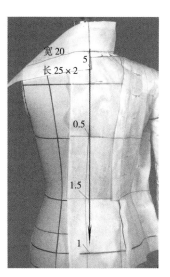

图 2-13　　　　　　　　　　　　　　　　图 2-14

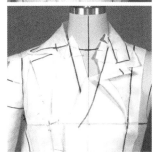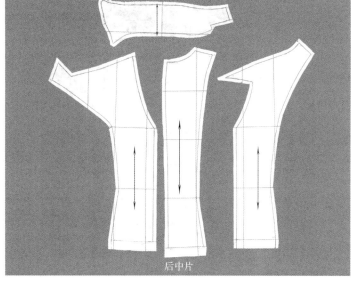

图 2-15　　　　　　　　　　　　　　　　图 2-16

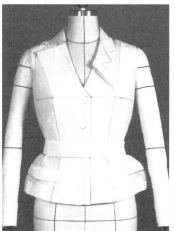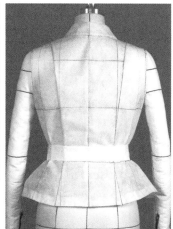

图 2-17

2.3 连身蝴蝶领宽松衬衫

设计师巧妙地在前衣身预留大量布料，通过堆、折的方法做成蝴蝶褶，技法简洁。利用较为挺括的轻薄面料，使蝴蝶褶线条流畅，形象生动，搭配小巧合体的立翻领和宽松的衬衫袖，休闲中带着端庄，帅气中又见柔美（图2-18）。

图2-18

2.3.1 前衣身

（1）前衣身坯样准备，固定前中，领口松量自然，推平肩部，固定，领口开宽0.3cm，肩线前移1cm，领口、肩缝标线；上部中线开至蝴蝶褶起点A（图2-19）。

（2）推塑正侧转折面，胸侧放松量2cm，臀侧放松量12cm。固定侧缝。设定蝴蝶褶止点B、固定。以AB为蝴蝶褶的生成连线，将左边坯样沿线向右折返，再沿B点向上的垂直线向右折回，形成蝴蝶褶的双层结构，

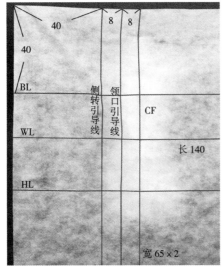
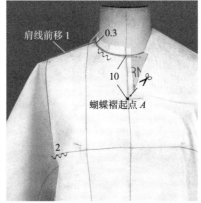

图2-19

调整布料使之上下均宽，在上端别合双层坯样，留一个缝边剪开至 A 点以下 3cm（图 2-20）。

（3）以中线为准，向下堆叠做蝴蝶褶。双层布样在胸前连做两褶，其余做成不规则小褶，全部集中于领结处，标线，调整褶的形态，使其完整美观、位置合理。袖隆、侧缝裁剪，标线（图 2-21）。

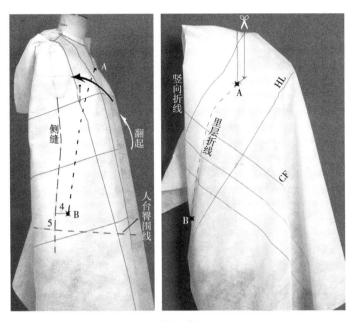

图 2-20

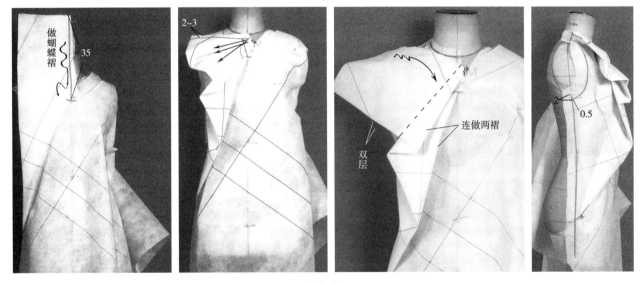

图 2-21

2.3.2 后衣身、领、袖、组装

（1）后衣身坯样准备，固定后中，粗裁领口，固定肩颈点、背宽线。臀围线处起褶点 C 别合 1cm×2 褶量固定，由此往上在距颈侧 2cm 处的肩缝折褶，固定（图 2-22）。

（2）侧面结构转折平整，肩褶形成垂直空间，HL 留 5cm 空间量。后袖隆裁剪，标线。抓合，粗裁侧缝。过臀围线 5~6cm 标摆边线（图 2-23）。

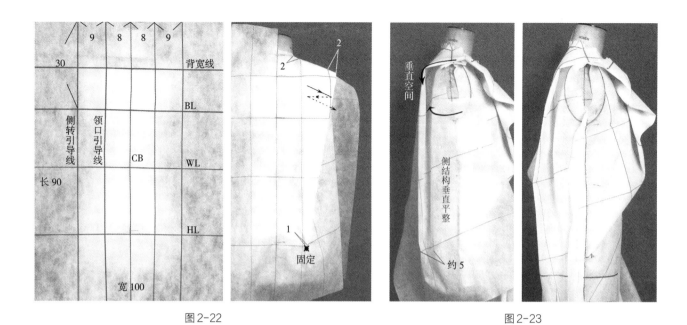

图 2-22   图 2-23

（3）衣领裁剪，后领座高3cm，前领座距中心2.5cm，上口与颈部之间形成自然空间，领座标线。小立翻领裁剪标线（图2-24）。

（4）坯样平面整理（图2-25）。

（5）组装，补上蝴蝶结及衬衫袖（图2-26）。

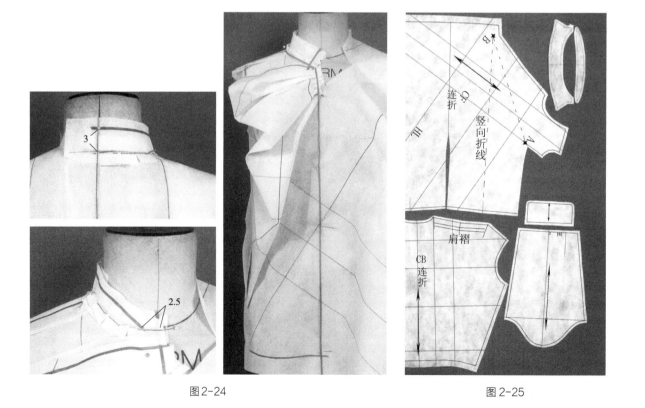

图 2-24   图 2-25

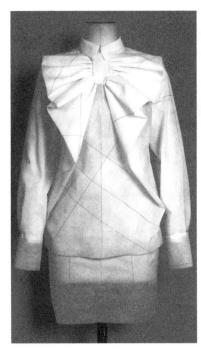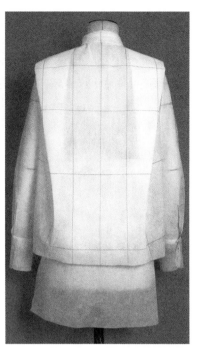

图2-26

2.4　叠褶立体造型

此款服装衣身只有一个后中缝线，其余面造型均由"褶"的起承转合来完成，并巧妙地运用了布料的直角边，使布料一以贯之，一气呵成，设计重点在于褶的形成手段以及位置的设定。此款其型如鱼，也如折纸状千纸鹤，又如飞机，给人很大的想象空间，运用可塑性强的太空棉布料来诠释这款设计无疑是锦上添花，更具未来感（图2-27）。

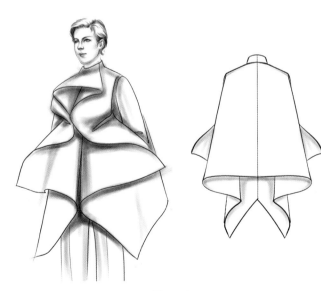

图2-27

2.4.1 上衣身

（1）坯样准备。引导线 b 与人台BL重合，布料对角线 n 对准人台侧缝与肩缝并固定（图2-28）。

（2）由袖窿底部往后上推平坯样至肩端点，固定，在侧面与后背部位自然形成纵深三角结构。推平后肩背坯样，使引导线 c 与人台后中平行，固定后中，形成背部的A字形结构（图2-29）。

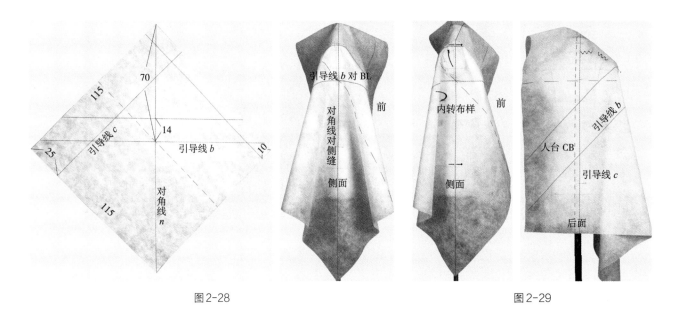

图2-28   图2-29

（3）裁剪后身肩缝、领高、袖窿处。固定肩颈部位，并与后中一起标线（图2-30）。

（4）前衣片胸侧BL松量2.5cm，向下垂直抚平，固定BP点，塑造平整的结构，贴着窿门向肩端推平坯样。将引导线 n 作为前肩线，与后肩缝重合至颈侧转折点，在肩端点以下形成很大的折叠量（图2-31）。

（5）剪开颈侧转折点 O 处缝边，使坯样起立，作立领裁剪。颈根处余量形成弧形省道向内折别，粗裁领上口于4cm处止（图2-32）。

（6）从止点起折叠坯样，形成反向Z型，使坯样的垂直引导线在人台中线内侧并垂直，初步固定。注意里层翻

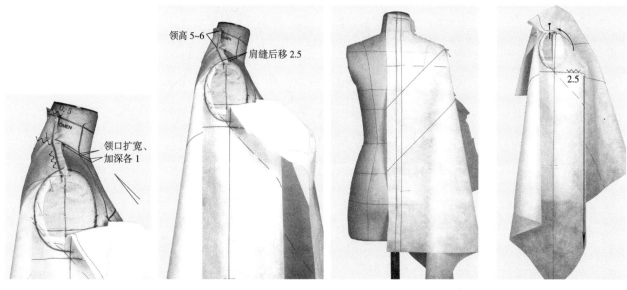

图2-30   图2-31

折应有适度向中线倾斜的形态，以供左右衣片拼合后可以容纳鼓起的立体空间。同时固定翻折边缘上下两层布样，侧面领部结构要服帖，根据轮廓形态标线，粗裁（图2-33）。

（7）理顺前身下垂布样，将领子的最上层布样抬起，做出喇叭筒状，以腰部转折点C为起点，向内抬高双层折叠布样的侧边缘，直至一个美观合适的高度，使其从正面看，似有双翼舒展之状，从侧面看，有饱满的弧形变化线条，固定点A/A′，进行袖窿裁剪、标线（图2-34）。

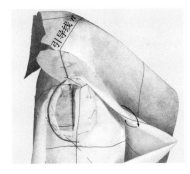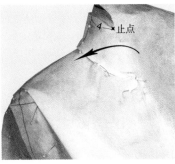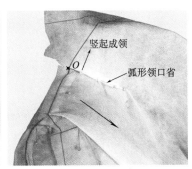

图2-32

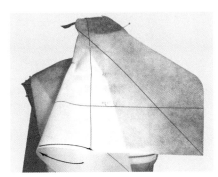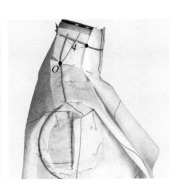

图2-33

图2-34

2.4.2　袖子、组装

（1）合体两片袖裁剪，装袖（略）。检查调整细节，后衣身片摆边标线、裁剪（图2-35）。

（2）坯样平面整理（图2-36）。

（3）组装，确认效果（图2-37）。

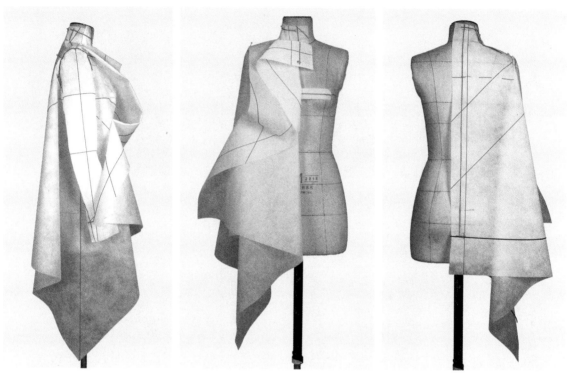

图2-35

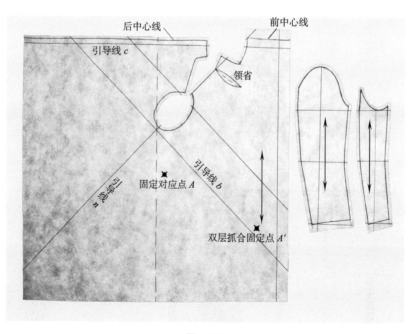

图2-36

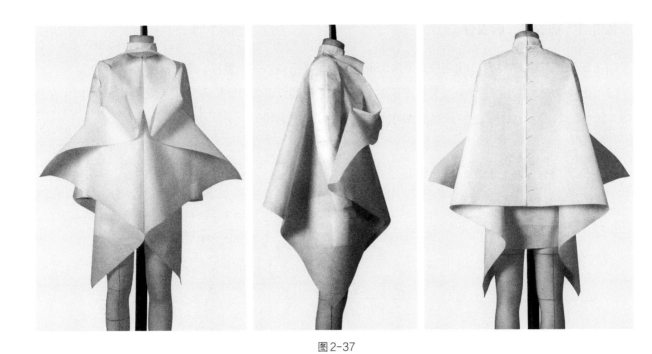

图2-37

2.5 拱形褶礼服裙套装

一袭兼具自由气息且优雅的立裁礼服裙套装，上衣领口两侧的拱形褶由胸腰部位的浮余量向上推送至领口转折而成，而裙子的简洁、性感完全体现在左侧裙摆处理上，一个扩张的拱形褶将它与上身形态完美结合（图2-38）。

图2-38

2.5.1　前衣身、后衣身

（1）在人台上标出新WL，比基准线下落3cm。前身坯样准备：一个整片。固定前中（图2-39）。

（2）把领口的1/2松量1~1.5cm（整体松量2~3cm，此松量的设定是保证较高领口穿着的舒适度）固定在颈部前端，抚平坯样至肩颈点并固定。根据虚线的位置粗裁领口（图2-40）。

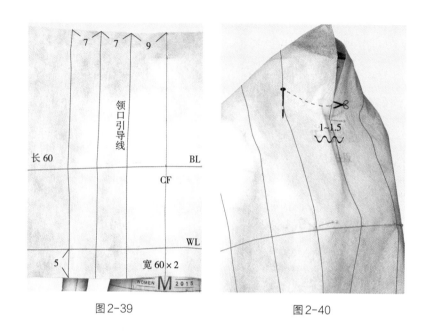

图2-39　　　　　　　　　　　图2-40

（3）拱形褶造型。以BP为起点，往领口逐渐往内推进折叠量，在胸侧面初步固定；再将拱形褶往下方折叠、调整，要减少往肩斜线和领口处的褶量；固定侧缝顶点，抚平胸部布样；固定初步形成的弓形褶内侧，侧缝、半袖窿标线，粗裁（图2-41）。

（4）拱形褶在领口做逆向折叠，顺势抚平肩部，并将布料往前侧方推进已形成的曲形褶，固定肩端点，臂围处留出适当空间量，将形成的褶内余量往臂根和腋下推进，注意在操作过程中要不断调整，使褶的曲度流畅美观且有立体感（图2-42）。

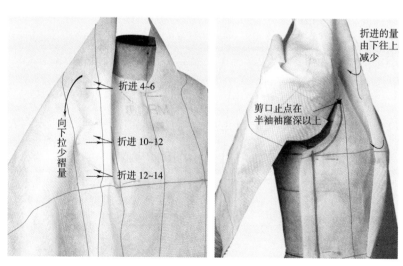
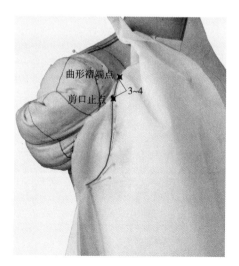

图2-41　　　　　　　　　　　　　　　图2-42

（5）撤去肩端固定的大头针，缝边往内折，经剪口止点向上方延伸曲线3~4cm止，形成一道顺畅的曲形褶，褶尖固定。进一步确认整体造型的流畅度和美观，裁剪袖子，此款袖型为宽直筒，袖口的空间量要合适（图2-43）。

（6）布片贴合手臂，标记袖中缝线、袖内侧缝线，内侧缝线与衣身侧缝线相对应，就如同衣身侧缝的延伸线一般，放下手臂，调整不足之处。在手臂与身侧之间塑造一个拱形褶，拱形较窄，此褶量的大小是以做好侧缝、肩部和袖三处造型后剩余的量收拢产生的，可灵活处理（图2-44）。

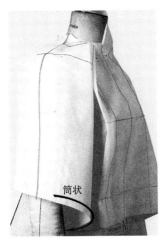
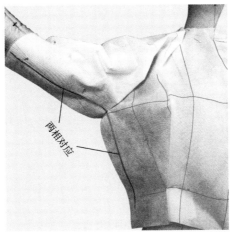
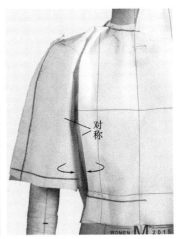

图2-43   图2-44

（7）后身坯样准备，固定后中（图2-45）。

（8）领口下落1cm，使款式在视觉上更加放松。抚平肩部，后背做箱型塑造，使背侧面出现较强的纵深感，在袖型及空间量与前片一致的前提下，将余量全部往臂根和腋下推进，拱形褶褶尾在肩端处自然形成。从侧面观察衣身与袖型，在肩胛骨处会有较大的空间，且形态挺拔美观，后衣身的侧缝和袖内侧缝线裁剪与前衣身相同，保持前后各部位的形态后，别合固定（图2-46）。

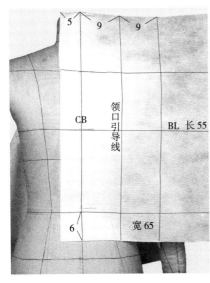
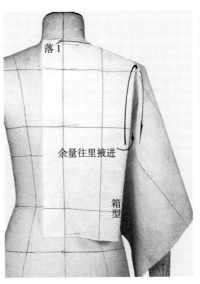
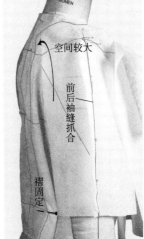

图2-45   图2-46

（9）确定衣长、袖长，标线，粗裁（图2-47）。

（10）组装（正面）（图2-48）。

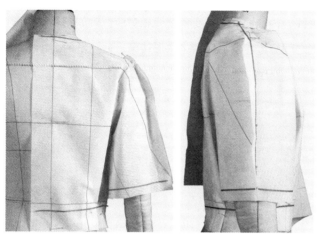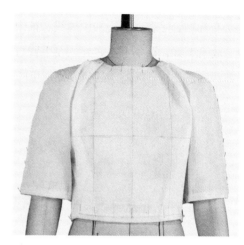

图2-47　　　　　　　　　　　　　　　　　图2-48

2.5.2　裙身、组装

（1）裙身前片坯样准备。固定前中、腰口线（图2-49）。

（2）裁剪腰口与波浪褶，在接近公主线处设定浪褶①的起点，侧缝处设定褶②的起点，都要剪开口，前后裙身浪褶一致，褶量统一在HL处，褶①大●（3cm×2），褶②大●/2，开口点要稍抻开、上提，使波浪褶有力度。要注意保留前片腰口以上剩余料，备作拱形褶用（图2-50）。

（3）剩余料向左侧铺开，抚平坯样，裁剪、塑造拱形褶，在腰口的位置与褶①对称（图2-51）。

（4）拱形褶大约可以做到70°倾斜，再裁剪拱形褶左侧腰口并塑造侧缝褶，褶量与右侧一致，侧缝裁剪、标线（图2-52）。

（5）裙身后片坯样准备。浪褶裁剪方法与前片相同，完成后裙片裁剪与组装（略）（图2-53）。

（6）坯样的平面整理（图2-54）。

（7）组装，穿着效果确认（图2-55）。

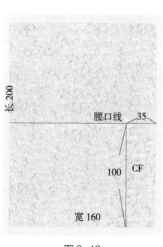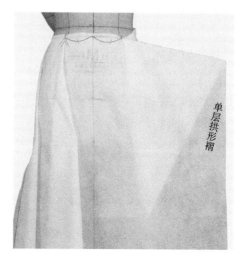

图2-49　　　　　　　　　　　　图2-50　　　　　　　　　　　　图2-51

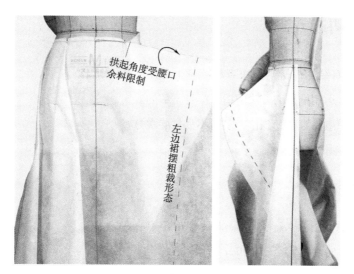

图 2-52

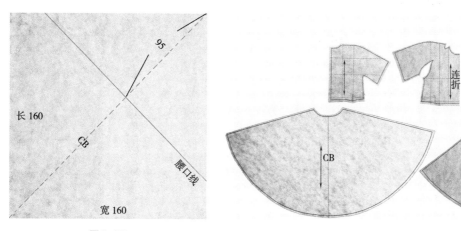

图 2-53

图 2-54

图 2-55

2.6 玫瑰花堆褶连衣裙

此设计中褶是贯穿所有结构的链。整块布料随着上身体面的转折形成三处不对称褶，运用堆叠的方法塑造出裙身下部的五个荡褶和玫瑰花团，貌似随意然则巧劲到位，多而不乱，层次分明，形神兼具，一气呵成（图2-56）。

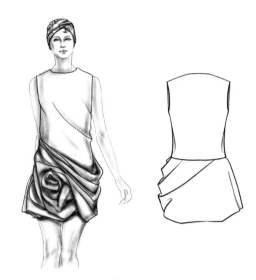

图2-56

2.6.1 衣身、活褶与荡褶

（1）人台标线，领圈、袖窿。A、B、C、D四个褶位点在两侧斜向排列，A和B为斜向活褶起点，C和D为垂荡褶起点与止点。斜向排列，收裙摆线在臀围线下13~15cm（图2-57）。

（2）后衣身全片坯样准备，固定后中（图2-58）。

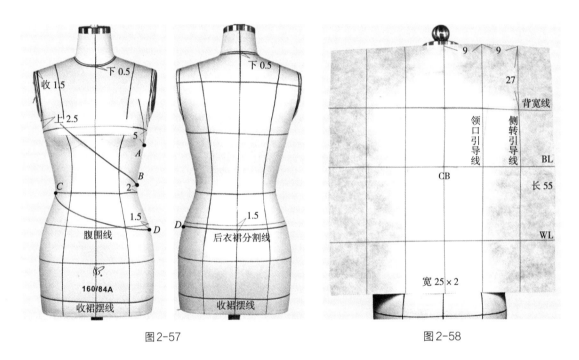

图2-57

图2-58

（3）领口、肩缝、袖窿裁剪，肩背的浮余量分别转移为这三处的松量。塑造胸腰转折面，捋顺坯样，剪开后衣裙分割线下缝边，使结构平顺（图2-59）。

（4）复制左边衣身，完整标线，固定（图2-60）。

（5）前衣裙坯样准备，固定前中。粗裁肩缝、袖窿。前胸浮余量的一部分转移为领口、肩缝的松量，其余下垂。理平坯样，在BL留出适当放松量，裁剪左侧缝至C点，固定（图2-61）。

（6）左侧上部与右侧对称裁剪。将左下方的浮余量推向左侧缝上部至A点形成活褶，右下方的浮余量推向左侧缝至B点形成又一个活褶。前腰须留空间量约2cm。裁剪左侧上部缝边至D，固定（图2-62）。

（7）右侧腰胯坯样垂直向下，浮余量向左侧推，此处余量较大，准备做五个荡褶和玫瑰花团褶造型（图2-63）。

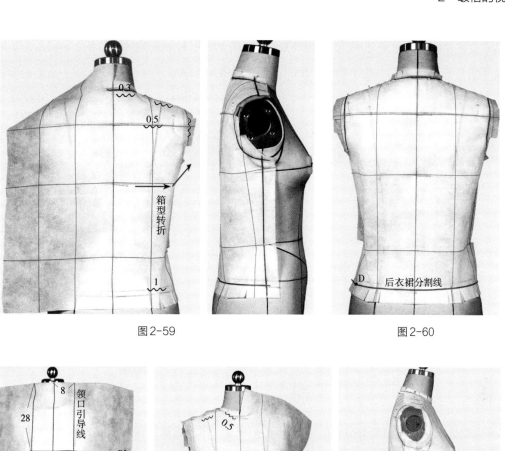

图 2-59

图 2-60

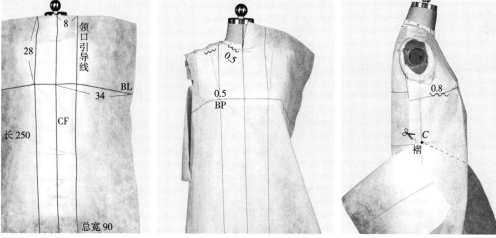

图 2-61

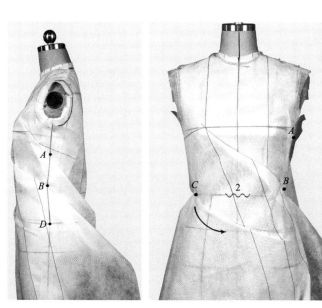

图 2-62

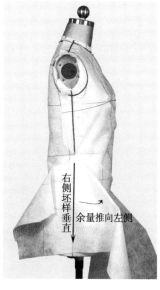

图 2-63

（8）从C点往左侧拉荡褶①至B点。形成环形，褶头开剪口，使褶拐弯流畅（图2-64）。

（9）抚平后身部分，在后衣裙分割线下方固定（图2-65）。

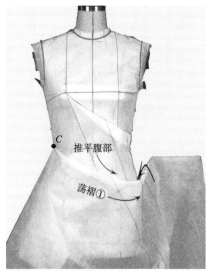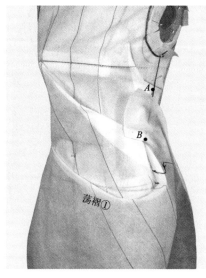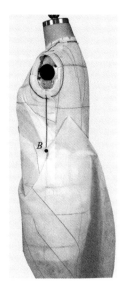

图2-64　　　　　　　　　　　　　　　　　　　图2-65

（10）再从C点处向左侧提拉出荡褶②，至D点凹陷深度、操作方法同荡褶①（图2-66）。

（11）荡褶③的起点不在右侧缝，而是由荡褶②牵拉形成，褶深约8cm，褶边向后衣裙分割线伸展，褶尾端宽度变窄。左侧垂直描线，粗裁D点以上左侧缝边，以便后身荡褶④与⑤的操作（图2-67）。

（12）右侧缝边粗裁、标线（图2-68）。

（13）前身荡褶下方留2cm松量，余量往左上推平，在HL以上5cm中心处固定，布样余量由此可以理出荡褶④、荡褶⑤。荡褶⑤略宽，自然下垂（图2-69）。

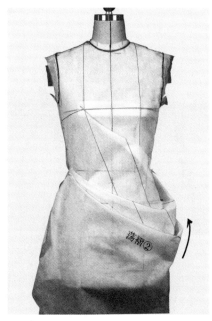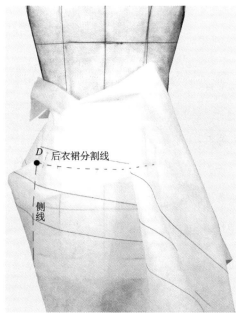

图2-66

（14）在后衣身，荡褶④折线尽量把握在右侧缝线内，荡褶⑤末端消失在臀围凸起处。理平坯样，固定两边侧缝。裁剪、重合后衣裙分割线缝边。观察：这五个荡褶的垂荡点前后流动，相互牵引和衬托，为追求艺术趣味，需要把握好褶结构间的疏密、松紧变化（图2-70）。

（15）裙摆造型，裁剪，折平裙摆，初步固定。左侧摆边留余量为8cm×2。空间折叠固定，右侧是围折一对褶（8cm×2），使左右侧基本对称，还有余料在前身备做玫瑰花造型（图2-71）。

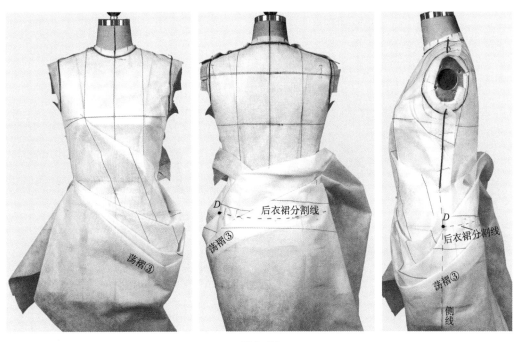

图2-67

图2-68

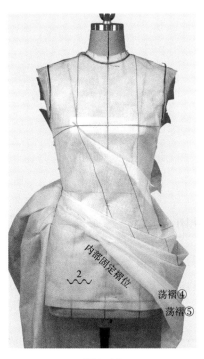

图2-69

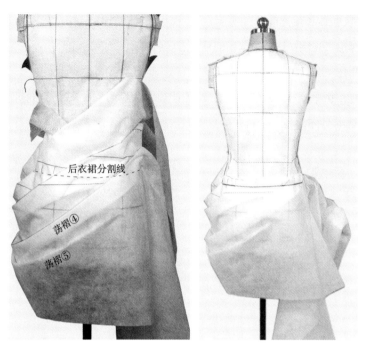

图2-70

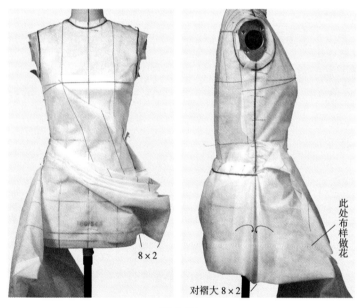

图2-71

2.6.2 玫瑰花团、组装

（1）坯样在前裙身右侧展开拉平，依据玫瑰花型，用大头针点状固定于底裙片上。初绕花型，将下面布边藏进内层固定，垂坠的褶形成花团下边轮廓（图2-72）。

（2）坯样绕向上部，中间堆褶理出花心位置，自由旋绕花型，以美观为要，理顺每一个褶的造型后，多点固定。缝边都向内隐藏，标示固定的上下层对应点。按先后顺序裁剪，重点是裙身堆叠褶和花团造型的流动感（图2-73）。

（3）坯样平面整理（图2-74）。

图 2-72

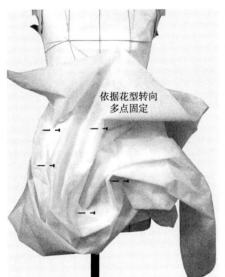
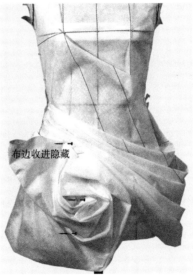

图 2-73

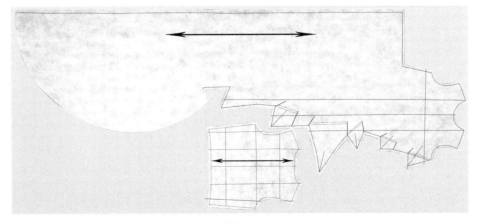

图 2-74

（4）组装，确认造型效果（图2-75）。

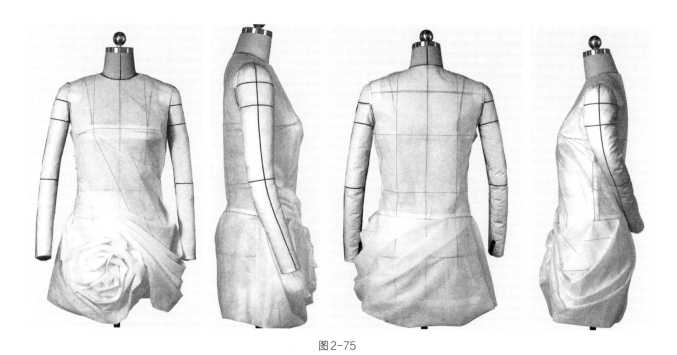

图2-75

2.7 交错褶领连衣裙

连衣裙上部造型一片而就，一字领下三重交错褶的设计让人耳目一新。领褶形态自由，顺着褶型在肩部展开成为花褶型披肩袖，由前往后围裹至手臂部衔接于侧缝一气呵成，貌似不经意，实则心思细腻。胸腰部由省褶联合进行合体造型，夸张的涂鸦眼睛图案既遮掩了省缝，又显风趣幽默（图2-76）。

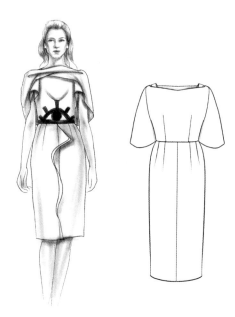

图2-76

2.7.1 衣身上部褶造型

（1）在人台WL向上4cm标出高腰线（略），装手臂。前衣身坯样准备，固定前中、BL（图2-77）。

（2）A点约在右锁骨弓下固定，从此起至BB′向内折褶4cm×2，约在左袖身交界处固定。沿折边线向内折进布料，折边线约与肩端点平行，前中处有余量向下堆叠，再固定C点，理出宽约6cm×2、与B/B′相向的DD′褶，注意控制两褶的斜度及交错美感，塑造一字领口轮廓线（图2-78）。

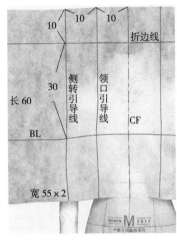
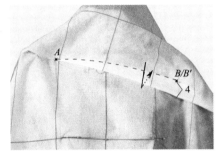
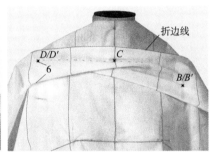

图2-77　　　　　　　　　　　　　　　　　　　图2-78

（3）翻下折边，两端肩点SS′之间对称拉平、固定，形成第三个褶，在折边线上方3cm水平标线，成为上口，剪开上口缝边，理顺褶结构，BB′在肩臂部形成的垂褶顺势窝进，形成花褶袖前部空间（图2-79）。

（4）对准第一褶的起点A向侧下方理顺褶型，塑造、固定胸侧转折面。从下方向上剪开前中至BL。在胸腹部塑造箱型，将在前中形成的余量折褶、固定，检查这部分结构关系（图2-80）。

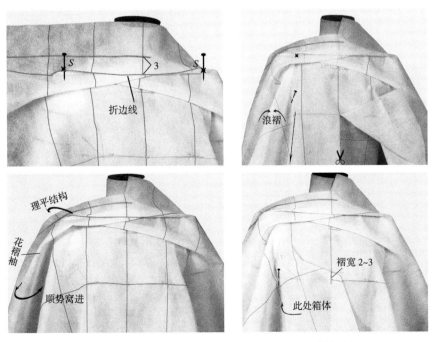

图2-79　　　　　　　　　　　　　　　　　　　图2-80

（5）抬起手臂，人台标线，侧缝倾斜后移，在袖窿底3～4cm，在腰线后移2cm。理顺身侧结构，BL松量1cm，窿门与侧缝裁剪、标线。从垂褶与身侧交界处E点起粗裁花褶袖基本轮廓，如图2-81所示。

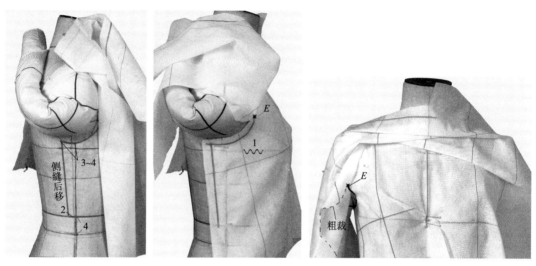

图2-81

（6）肩臂处布料向后身推平，合围成花褶袖，上部为后袖山、固定。下部与前衣身斜侧缝别合，根据款式造型，标花褶袖轮廓线（图2-82）。

（7）粗裁花褶袖。衣身由箱型变化为贴体型，余量化为松量与省量：腰线处松量1cm，前腹余量指向BP做省，完成轮廓线标记，粗裁。领口褶虽是不对称形态，但轮廓及自袖窿起往下的结构却是对称的，因此只需裁剪右边（图2-83）。

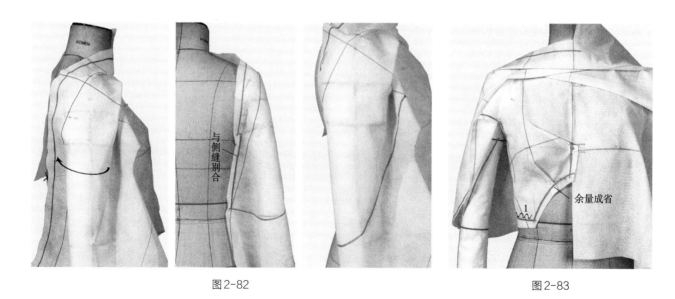

图2-82　　　　　　　　　　　　　　　图2-83

2.7.2　组装

（1）后身、下裙裁剪（图2-84）。

（2）上部前身坯样平面整理（图2-85）。

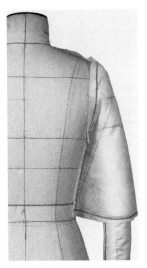

图2-84

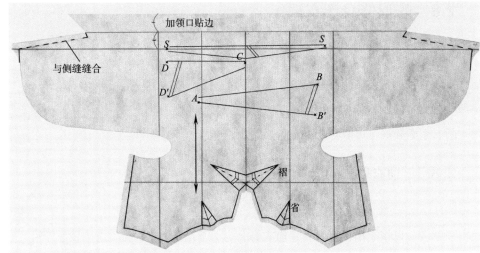

图2-85

（3）组装，附上涂鸦眼睛图案边，确认造型（图2-86）。

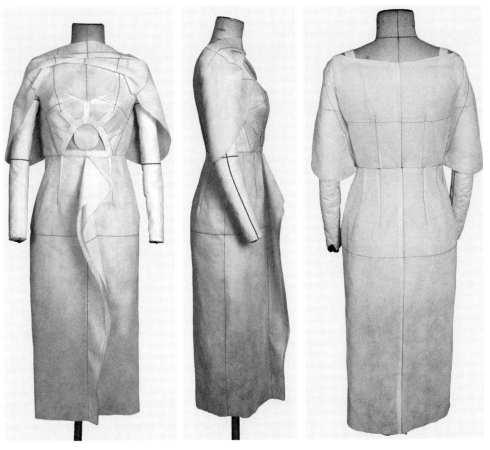

图2-86

2.8 蝶形修身连衣裙

本款连衣裙衣身前部蝴蝶设计打破了传统观念的造型方法，上半部分以立体构成的省道来塑造立面清晰、空间感突出的蝶翼，下半部分与之呼应的蝶翼则运用波浪褶式样的方法，使整体看起来一阳一阴、刚柔并济，可谓创造性的奇思妙想（图2-87）。

2.8.1 前衣身上部

（1）人台标线。要点是标出上、下蝶翼立体造型的轮廓位置、大小和角度，以蝶翼衔接线为界，前衣身分为上下两个部分，后衣身是一整片（图2-88）。蝶造型各以O、B为中心点。

（2）坯样准备，固定前中（图2-89）。

（3）根据合体性松量要求裁剪领口、肩部、袖窿，侧缝引导线保持垂直，前胸浮余量收作胸省，侧缝标线、裁剪至腋下胸省，固定。前中往上剪开至O点（图2-90）。

图2-87

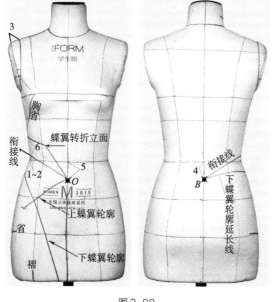

图2-88

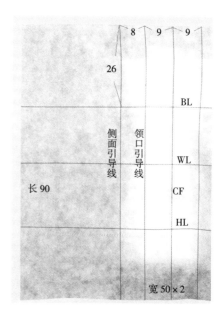

图2-89

（4）右边坯样前中往侧上方提起推平，边缘距衔接线与侧缝交点约4cm固定，中间留有约1cm的松量。标线，粗裁。放下布样，初步理顺出一个三角立体形态，适当松量，但不可松垮，要形成有一定合乎身体转折的弧度，内折成省，这样才能让外部的立体结构造型不坍塌（图2-91）。

（5）将接近腰省处布样轻轻拉开，出现三角形转折，整理腰部的箱型结构，余量向内收尽，形成另一省道并固定。此省道的别合位置是支撑蝶状立体形态和空间位置的关键，且上下层布样长短有些出入，所以在别合时，应做出微量的缩缝调整（图2-92）。

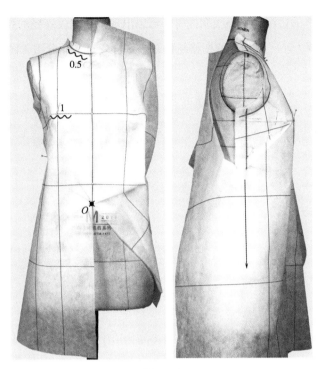

图 2-90

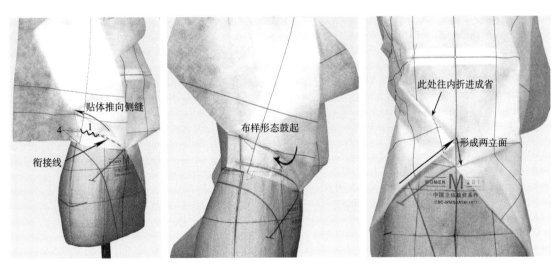

贴体推向侧缝

衔接线

布样形态鼓起

此处往内折进成省

形成两立面

图 2-91

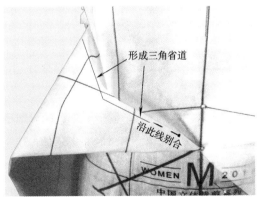

形成三角省道

沿此线别合

图 2-92

（6）缝合省道后，将折叠的边缘向中心线靠拢时，可以出现一道比较流畅的弧形褶痕。下面部分的布样抬起向内折进，控制好立体蝶翼大小。沿内部的衔接线粗裁、接合蝶翼下面缝边（图2-93）。

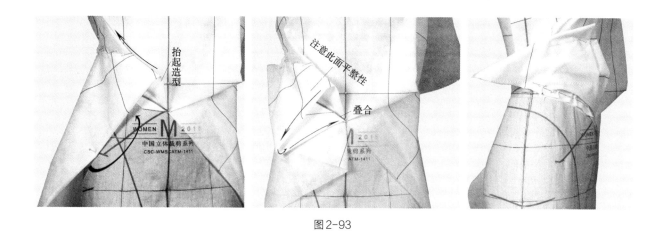

图2-93

（7）审视整体，要求达到大小适度、结构平整、形态立面清晰。侧面结构要有倾斜立面造型，标线、粗裁（图2-94）。

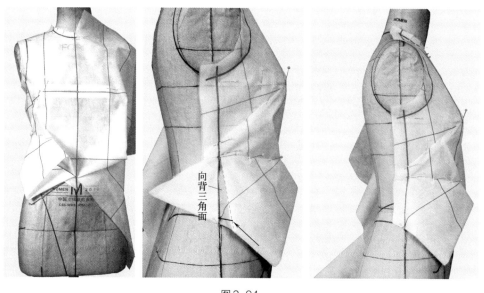

图2-94

2.8.2　后衣身、前衣身下部、裙身、组装

由于前衣身侧缝处结构及布样层次较为复杂，可将前衣身片先拆下后，再操作后衣身。

（1）后衣身坯样准备（图2-95）。

（2）后领口裁剪，BL在后中线内收0.3cm，WL在后中线内收1.5cm，固定后中，同时塑造后衣身上部箱型结构，剪开衔接线至距离后中5cm止，固定，裁剪领口、肩缝、袖隆，各部松量要适体。后中线裁剪，剪开B点缝边，使坯样向侧面倾斜，得以塑造下部的球型状态，HL松量1.5cm（图2-96）。

（3）塑造下部转折面，侧缝处余量收一小省道，接合衔接线。后侧裙摆处做一活褶缩小裙摆。各部标线，粗裁。覆上前身上部，重合此段侧缝，并将前身蝶翼部分抬起固定，为裁剪前裙身下部做准备（图2-97）。

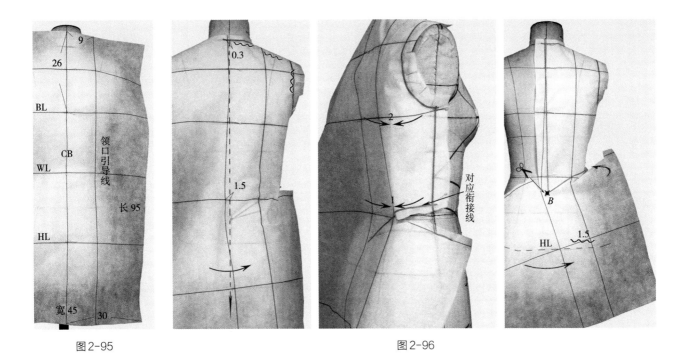

图 2-95   图 2-96

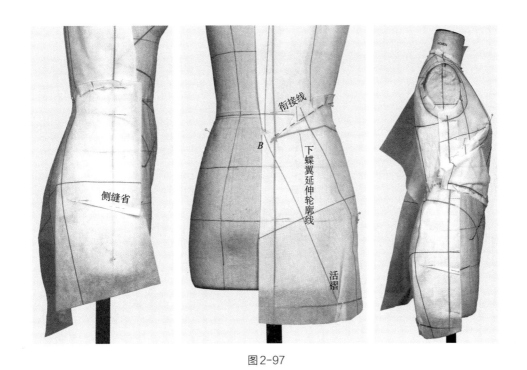

图 2-97

（4）前下部裙身坯样准备，对准 WL、HL 固定前中（图 2-98）。

（5）由下往上剪开前中至 O 点，与下层坯样衔接缝拉平、接合，推平侧缝、固定，HL、裙摆处捏省、褶缝对应后裙片的短省道、活褶，粗裁、重合下部侧缝，裙摆裁剪、标线。前中左侧 16cm 宽度的坯样沿 CF 向右翻折，备做下蝶翼，固定 O 点（图 2-99）。

（6）下蝶翼造型。前侧褶裁剪，宽 7~8cm，余量推平，上口覆盖于衔接线之上，与上部接合，延伸到后侧处做一小褶，宽约 2cm，顺势往后中下方向推平固定，标线。粗裁下蝶翼，翻下上部蝶翼，审视、调整上蝶翼、下蝶翼的造型效果（图 2-100）。

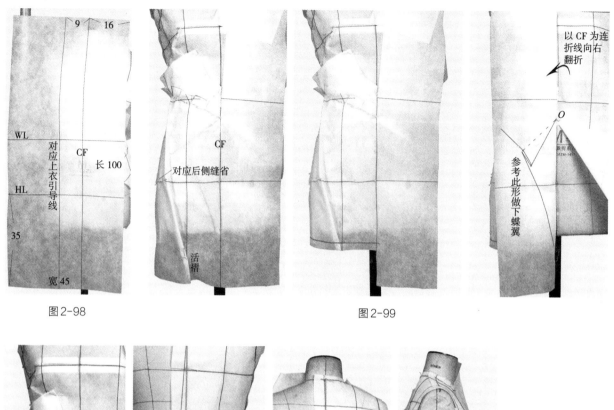

图2-98

图2-99

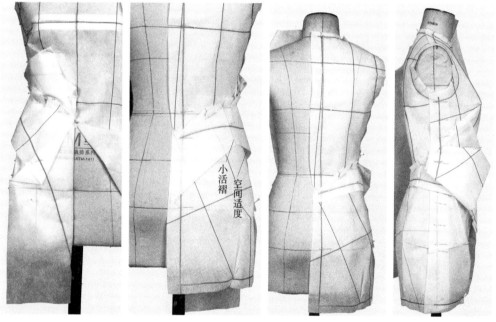

图2-100

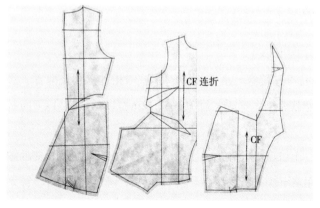

图2-101

（7）坯样平面整理（图2-101）。

（8）组装，确认效果（图2-102）。

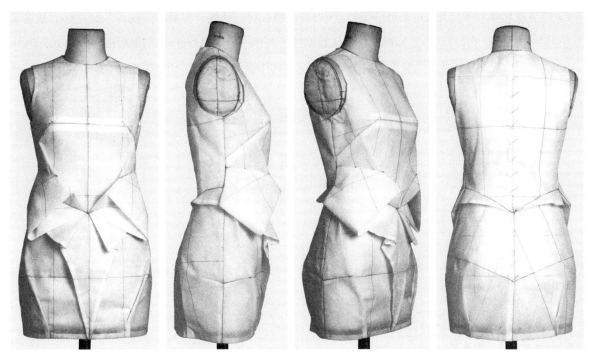

图2-102

思考与技能训练

1. 后背悬垂褶外套与操作提示

（1）图2-103为效果图。

（2）前身坯样准备，100cm×35cm，裁剪、标线（图2-104）。

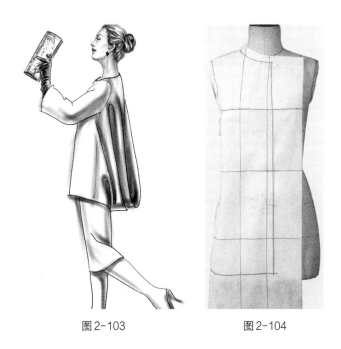

图2-103　　　　　　　　图2-104

（3）后身全坯样准备，100cm×90cm×2。领口与肩缝裁剪、标线，粗裁上部袖窿，定点标上悬垂褶①的起点，在下方10cm剪开坯样后中，标褶止点。从起点往止点挽一个宽约8cm×2的回形褶（图2-105）。

（4）成褶后内部余量折成三角固定，将褶翻起，标底部中缝线，粗裁（图2-106）。

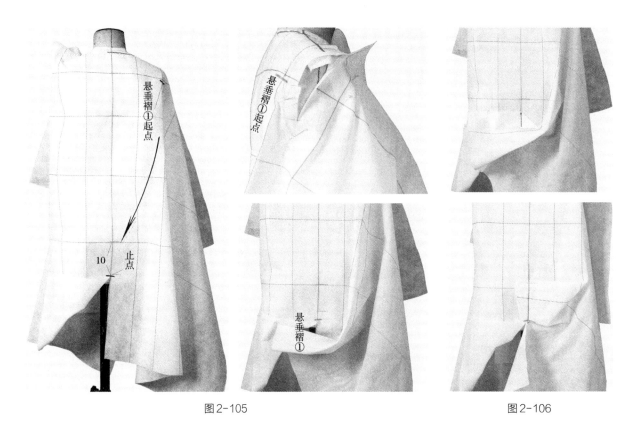

图2-105   图2-106

（5）粗裁下部袖窿，定悬垂褶②的起点，往下挽褶裁剪，方法同褶①（图2-107）。

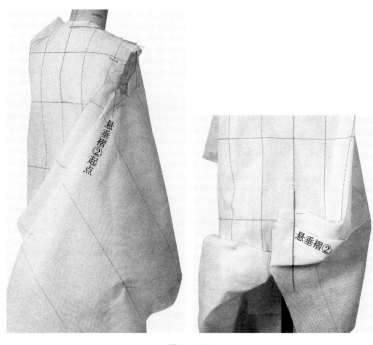

图2-107

（6）袖窿、侧缝与下摆裁剪和标线（图2-108）。

（7）袖子裁剪（略）。组装衣身、袖子，完成造型（图2-109）。

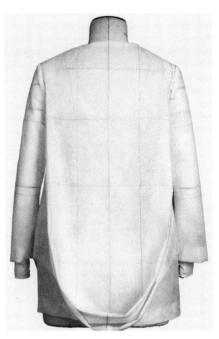

图2-108　　　　　　　　　　　　　　图2-109

2. 领褶造型与操作提示

（1）效果图，活褶巧成领（图2-110）。

（2）衣身上标领口与领型；后领座高4cm（图2-111）。

（3）领座裁剪，由后往前，上口边缘距颈脖一指宽空间，标线（图2-112）。

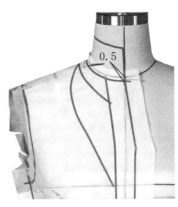

图2-110　　　　　　　　　　图2-111

（4）翻领坯样准备，覆于领座上面，固定后中，设定翻领宽5cm。裁剪至颈侧点，上口与领座别合。下口剩余布样推向前身向内折转（图2-113）。

（5）翻领角造型，标线（图2-114）。

（6）裁片整理（图2-115）。

（7）组装成领，覆上明门襟，将领角夹于其中，完成造型，确认效果（图2-116）。

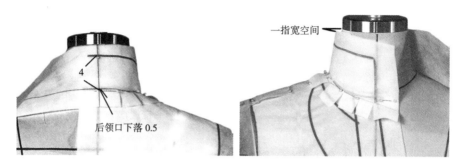

图2-112

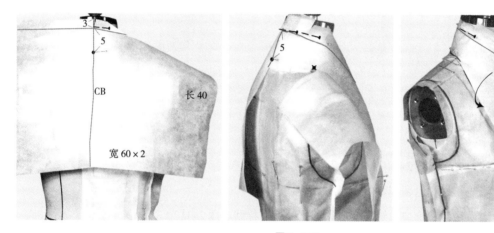

图2-113

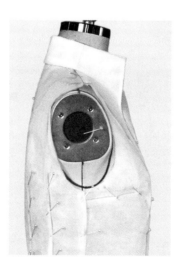
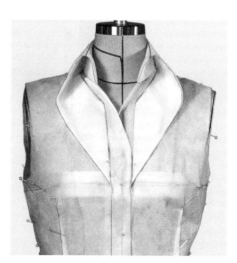

图2-114　　　　　　　　图2-115　　　　　　　　图2-116

3 经典与修身造型

本章款式较贴近现实生活。从套装至秋冬长大衣，包括迪奥经典，每一款形神俱佳不同寻常；两面构成与多面构成的结构，各具特色，但有一个共同点，即有领、有袖、修身造型。此类款式非常考验动手操作能力，从外部造型的精雕细琢至内在结构的设置调配，每一款都是一种新的考量。本章后特设规格与松量设计，做到心中有数，操作上得心应手。

3.1 经典一粒扣西服

此款造型、结构与工艺、材料堪称绝配，令灰色的细条也熠熠生辉。三围比例绝佳，前胸丰满映照纤纤细腰，令人叹为观止，这就是迪奥设计的过人之处（图3-1）。

3.1.1 前后衣身

（1）装垫肩，要宽出于人台肩端点1cm。设定背长、驳领尺寸（翻领 m 宽3.5cm，领座 n 宽3.5cm）。各部标线，前衣身是一个整片，后衣身按人台的公主线分片造型（图3-2）。

（2）前片坯样准备，固定前中（图3-3）。

图3-1

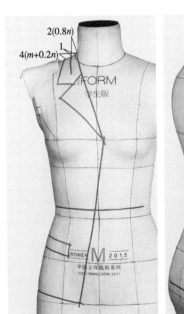
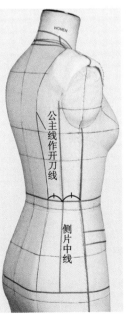

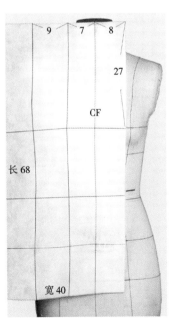

图3-2

图3-3

（3）运用倒撇门的方法加大胸省，将BL以上、前中以外的坯样推向胸侧，使前胸饱满。初步整理前身廓型（图3-4）。

（4）设定搭门宽度，对准翻驳止点剪开缝边，翻折驳头。垂直剪开省缝，再连着剪开插袋口（图3-5）。

（5）理顺袋口下方廓型。袋口和底边的转折面留足松量。搭合插袋口与省缝边，粗裁领口与袖窿（图3-6）。

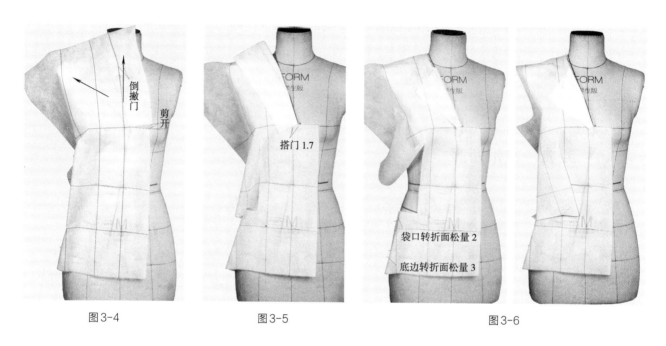

图3-4   图3-5   图3-6

（6）剪去部分省量，折光、盖合省缝，理顺袋口，完成前衣身造型（图3-7）。

（7）门襟、侧缝、底边裁剪、标线（图3-8）。

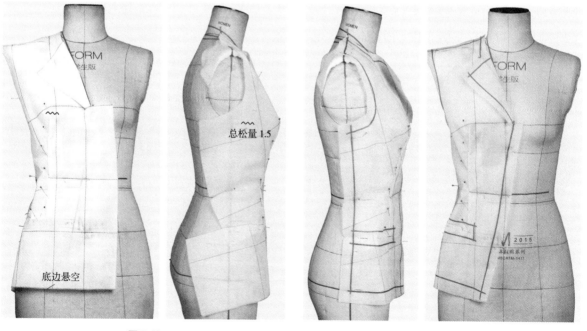

图3-7   图3-8

（8）后中心片坯样准备。背宽线上下纵向自然放松。背中线在腰围处撇进1.5cm，底边处撇进1cm。固定后中（图3-9）。

（9）裁剪后领口、肩缝。领口要有自然松量。刀背缝裁剪，以人台的公主线为基准，在BL和WL处各放出1cm空间量，标线时上下连顺，裁剪时WL以下缝边保留（图3-10）。

（10）将BL和WL处的空间量推入公主线内，固定，注意人台的侧片中线位置（图3-11）。

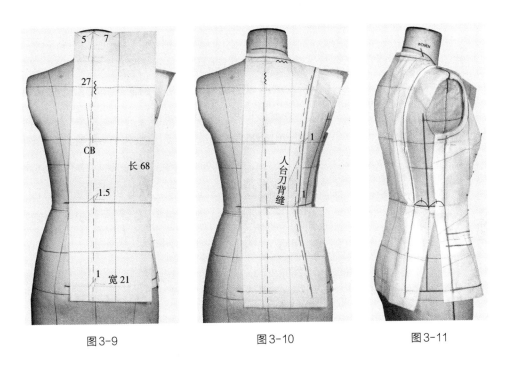

图3-9　　　　　　　　　　图3-10　　　　　　　　　　图3-11

（11）后侧片坯样准备，腰线中心点与人台两相对应、固定（图3-12）。

（12）侧片裁剪，WL以下中线与人台标线相对应：在刀背缝一侧的缝边以底边处有2cm空间量为前提，与中心片平行抓合；在侧缝处与前片重合。WL以上坯样稍向后中倾斜，使刀背缝侧增长，达到与中心片等长对接（图3-13）。

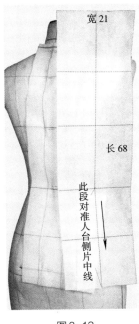
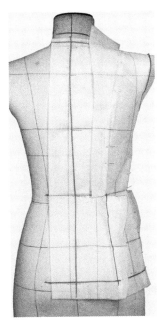

图3-12　　　　　　　　　　图3-13

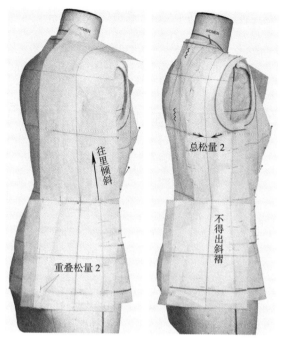

图3-14

（13）WL以上部位裁剪，塑造空间量2cm的背侧转折面，重合刀背缝，在侧缝处与前片重合。肩缝、袖窿裁剪，各部位标线，总袖窿弧长度44～45cm，前短于后（图3-14）。

3.1.2　领、袖、组装

（1）确定前后领口结构。翻驳领裁剪，坯样准备，初设后中起翘6cm（包括1cm缝边），设定领座n和翻领m的宽度。点画、粗裁起翘线，长度从领口后中至前领口转角，这起翘量往往是不确定的，在操作中要边装边翻折，以翻折线、领外口线自然为准（图3-15）。

（2）缝装领下口，从后中往前到领口转角为止，边缝边翻折领样，裁剪领外口毛边，打上剪口，使之翻折顺畅。翻折驳头，翻折线与驳头对接自然，重合串口线，驳领连门襟标线（图3-16）。

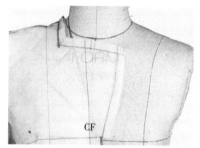
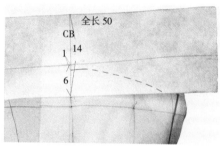
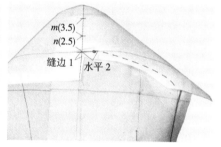

图3-15

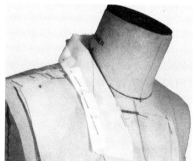
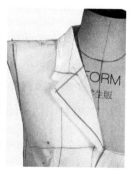

图3-16

（3）袋口标线，确定前身造型（图3-17）。

（4）袖子裁剪，装手臂，一片式较贴体圆装袖坯样准备。将袖肥线与BL置于同一水平线上，袖中线对准肩端点和EL后固定，从袖中线观察手臂的倾斜度（图3-18）。

（5）上部袖山造型，从袖中点往两边对准下面的袖窿线别合袖样，前袖山约别合至BL以上4cm，后袖山约别合至袖窿高度的一半，要有适中的吃势量（图3-19）。

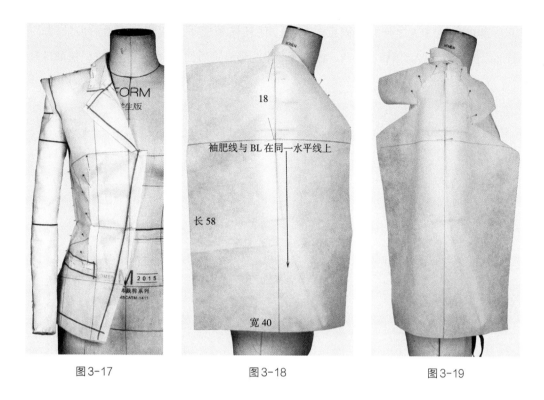

| 图 3-17 | 图 3-18 | 图 3-19 |

图中文字：18 　袖肥线与BL在同一水平线上　长58　宽40

（6）袖肥放4~6cm的松量，将下部袖窿线点描至袖样。粗裁、剪开下部袖山缝边。将坯样试包转手臂。试毛裁、缝装下部袖山，由于手臂倾斜的原因，松量前小后大，后袖山有所下落（图3-20）。

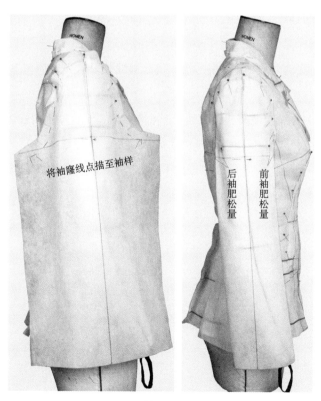

图中文字：将袖窿线点描至袖样　后袖肥松量　前袖肥松量

图 3-20

（7）剪开肘部前内袖缝边，抻开，固定，标线，使坯样顺应手臂弯势。裁剪后内袖缝，重合内袖缝（图3-21）。肘部以下袖筒放直。因臂肘外凸，内袖缝产生吃势。将后面浮余量收袖口省，使袖口贴体，标袖口线（图3-22）。

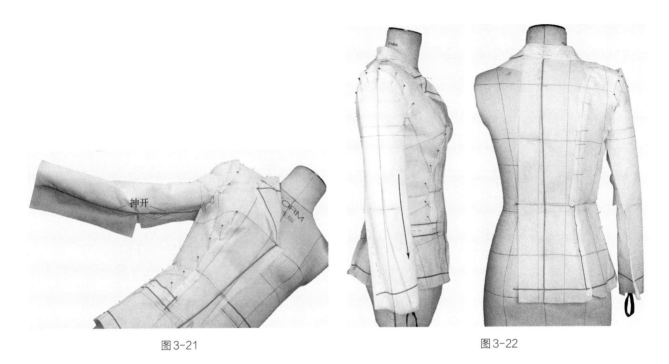

图3-21　　　　　　　　　　　　　　　　　　图3-22

（8）优美扩张的下摆空间（图3-23）。

（9）裁片整理（图3-24）。

（10）衣身、衣领组装。窿门要放得下4根手指，袋口边缝装要求里外均匀，随体圆转，在侧面能体现优美的空间感（图3-25）。

（11）衣袖组装。事先将袖山抽缝吃势，将衣袖置于袖窿圈内，观察袖山与袖窿的组合状态，袖子的前摆状态，如有不自然贴合之处，在这个状态下调整比较方便（图3-26）。

（12）完成组装造型。衣身、翻驳领能休现原设计作品的精神风貌，结构严谨得体。袖型要求达到袖山饱满，吃势均匀适中。整体自然前甩，袖口内旋（图3-27）。

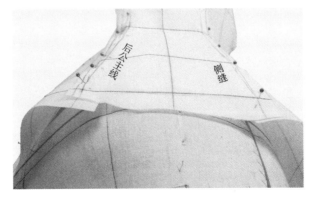

图3-23

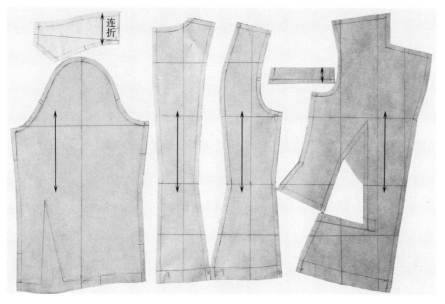

图 3-24

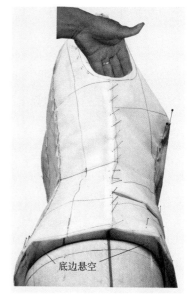

图 3-25

图 3-26

图 3-27

3.2 连领披肩衫

此款服装造型立面与线条曲直有度，犹如三维雕塑般灵动独特。波浪形的连袖领衔接在紧身合体衫之上，形成的双层喇叭袖型又像是马蹄莲的旋转花瓣，极富想象力的设计结合黑色挺括质感的面料，把服装结构衬托得更加庄严高雅，赋予其唱诗班领袖的灵魂气质，附带着一种神圣的气息（图3-28）。

图 3-28

3.2.1 前后衣身

（1）前衣身上片坯样准备。撇门0.6cm，固定前中，抚平布样，固定肩、领，BL松量1.5cm，塑造转折面结构，固定侧缝，WL松量1cm，余量推向前中方向做成双褶（图3-29）。

（2）各部位标线、粗裁（图3-30）。

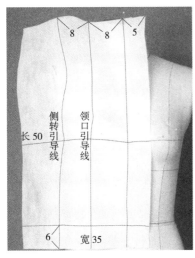
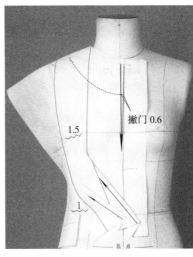
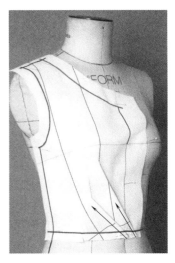

图3-29

图3-30

（3）后衣身上片坯样准备，塑造无腰省结构转折，加大背缝的撇进量，固定后中。肩背部余褶推往领口与肩缝作为松量。胸腰松量分别为2.5cm和1cm。抓合侧缝，各部位标线、粗裁（图3-31）。

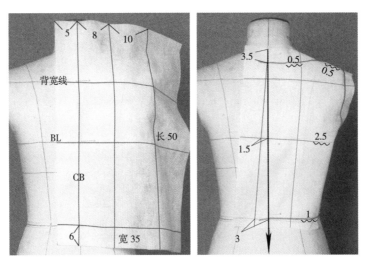

图3-31

（4）前衣身下部坯样准备，前下衣片对应前中固定。上口裁剪起翘，塑造转折面，需要上下兼顾，使下口转折面扩摆造型圆转得体，转折面空间约3cm，上口线会自然产生吃势，归拢，重合上口缝边。各部标线，裁剪（图3-32）。

（5）后衣身下片坯样尺寸，裁法与前下相同，转折面空间约5cm。重合下片侧缝。各部位标线，裁剪（图3-33）。

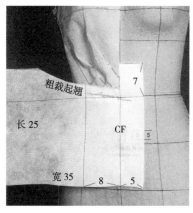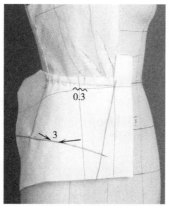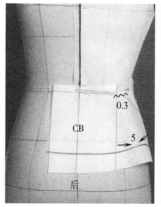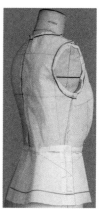

图 3-32   图 3-33

3.2.2 喇叭袖、披肩连领、组装

（1）两片袖制图。在大袖片袖口两边、小袖片前边留喇叭形扩大量，小袖片后边要长出6cm。粗裁、别合EL以上部分，后袖缝毛边朝外。缝装袖子（图3-34）。

（2）袖山造型要精致流畅。EL以下喇叭毛裁造型，前袖缝根据手臂前肘曲度裁剪，小袖片的后袖缝长出6cm，此缝线与披肩大袖片衔接，喇叭袖口要求旋转流畅，曲度适中。袖口标线。组装，后领口、后袖缝毛边朝外（图3-35）。

（3）披肩坯样准备，覆于手臂上，引导线交点对准SP固定，纵向引导线后偏于A点（臂根围线与手臂中线交点）1.5cm。固定肩部。翻折坯样上部作连肩翻领，初步设定后领高11cm。裁剪翻领后下口弧线、后肩缝至SP，并与后领口、下层肩缝别合，标线（图3-36）。

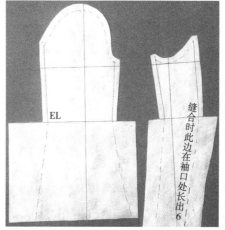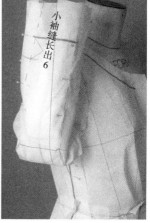

图 3-34

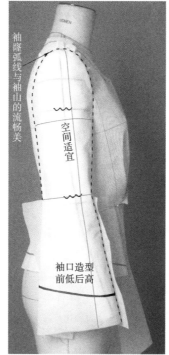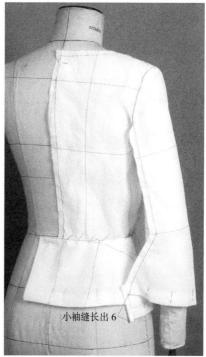

图 3-35

（4）披肩式育克裁剪。坯样下部向上提拉，盖过翻领，使坯样下口顺势后撤，围绕手臂塑造后侧转折面，要有较大的戗势，粗裁育克。理顺育克侧面坯样，与下层后袖缝别合，粗裁，使育克与后袖缝线形成一条顺畅连贯的结构分割线，后中、育克下口标线、裁剪（图3-37）。

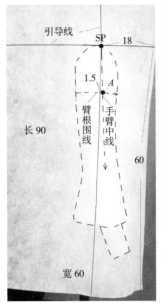
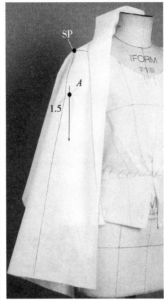
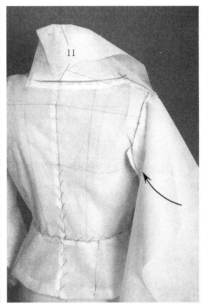

图3-36

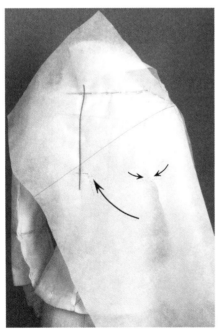

图3-37

（5）撑起手臂，观察效果，各部位衔接线条流畅，富有动感，符合设计要求（图3-38）。

（6）坯样平面整理（图3-39）。

（7）组装，确认效果（图3-40）。

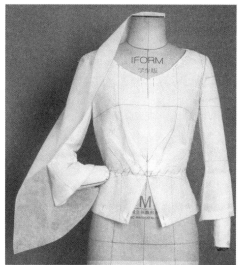

图 3-38

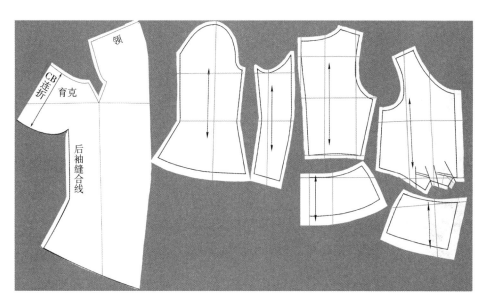

图 3-39

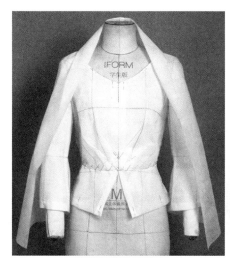

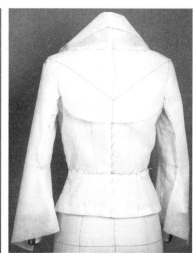

图 3-40

3.3　X廓型创意装

　　无论是造型的层次感还是结构的丰富性，此款设计堪称典范。多重袖褶以及方正的肩线，搭配弧形的分割线，将领袖连接的结构关系处理得恰到好处。宽大的领型右边延伸为斜襟相叠，左边急转弯堆叠于胸前，呼应了多重褶产生的肌理美，挺括的面料，紧塑的腰身恰好衬托出袖型的自由与刚性，产生一种雕塑美（图3-41）。

图3-41

3.3.1　衣身

（1）根据款式结构线的造型及位置进行标线，取消侧缝，WL上提2～3cm（图3-42）。

（2）后衣身上部坯样准备，固定后中（图3-43）。

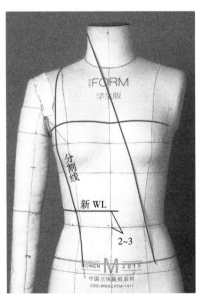
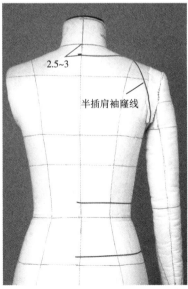
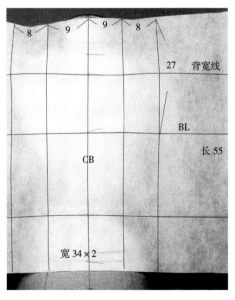

图3-42　　　　　　　　　　　　　　　　　　　　　图3-43

（3）初塑吸腰型结构。各部位适当加放松量，WL以下缝边剪开，初步固定于侧面腋下，粗裁至正侧分界点，整体形态要合理美观。随后抚平侧面坯样绕至前身分割线，结构空间要达到平衡美观，各部位固定，标线，裁剪（图3-44）。

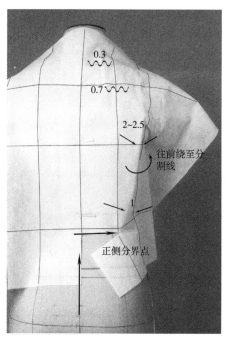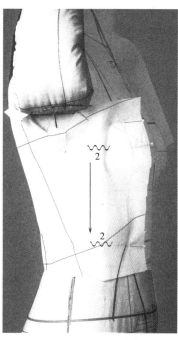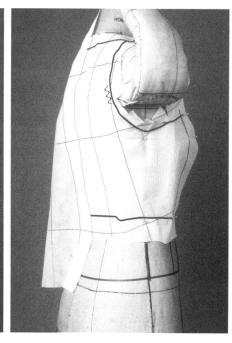

图3-44

（4）后衣身下部坯样准备。固定后中，从上至下剪开后中至距离WL一个缝边，沿着腰线转至前衣身结构线（图3-45）。根据款式设计要求，做出夸大衣摆空间的造型，粗裁、标线（图3-46）。

（5）前中片坯样准备。固定前中，粗裁分割线，各围度适当放松，与右侧衣片重合，归拢上部浮余量（图3-47）。

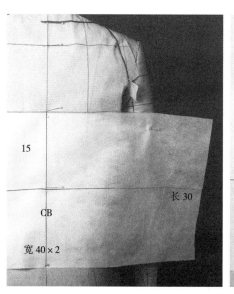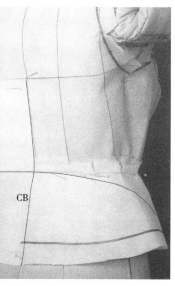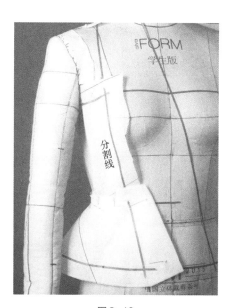

图3-45   图3-46

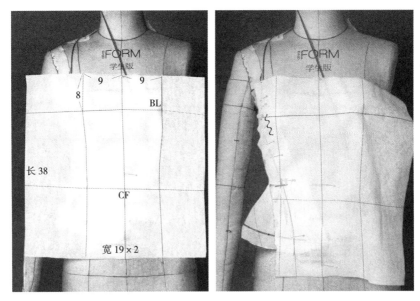

图 3-47

3.3.2 袖、领、组装

（1）袖子坯样准备。上部盖过衣身的半插肩袖窿线，十字引导线交叉点对准手臂中线及臂根围线交点处固定。剪开上部袖中线，抚平上部袖山处坯样，肩端处放宽4cm，固定肩缝。初定后袖结构，从袖肥至肘线放松量3cm，确定袖山线下部转折点，结合衣身后窿门弧线的形状及插肩袖裁剪原理，确定下部袖山的形状（图3-48）。

（2）下部袖山标线，粗裁，在袖弧转折点处剪开口，将坯样转至手臂内侧，下部袖山与窿门装合。初定袖子长度与袖口大，固定袖中线，将后袖包转为较贴体状态（图3-49）。

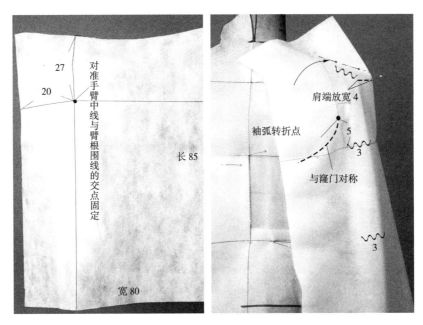

图 3-48

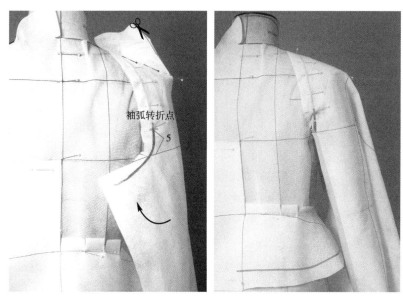

图3-49

（3）以臂中线及臂根围线交点为准，在此放出总褶量15cm×2的一个大褶，起点在袖口以上3～5cm，临时别合大褶，裁剪前袖，别合内袖缝（图3-50）。

（4）撤去袖中线固定针，放开大褶，从起点往上折叠第一个褶，在肩头位置，褶大5cm×2。将余部横向向下折叠第二个大褶，上端与衣身分割线相接。肩缝抓合、裁剪。领口、袖口裁剪，标线。审查造型效果，外观要符合设计要求，内部结构要合理，方便活动（图3-51）。

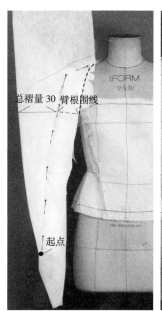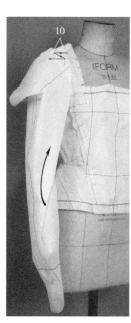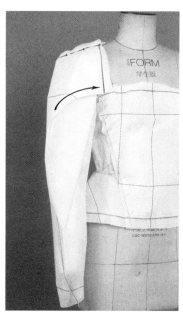

图3-50　　　　　　　　　　　　图3-51

（5）连襟领坯样准备。后中对折，再双层对折，折线朝上。装领，从后中心至前衣身下端，逐步调整领型，直到与衣身的曲线相符合，使领子上口与颈部有适当的空间量，并且要注意连襟领的上下宽度差不宜太大（图3-52）。

（6）左侧领子的流转形态待拓出右半边领型后，用剩余的布料缠绕而成，可根据具体设计思路进行自由变化（图3-53）。

（7）裁片整理（图3-54）。

（8）组装，试穿，确认效果（图3-55）。

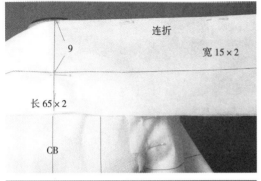

图3-52

图3-53

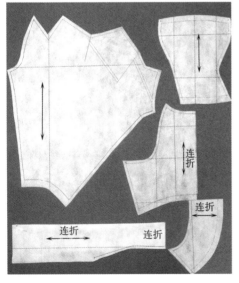

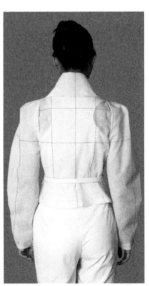

图3-54

图3-55

3.4 毛衫小外套的拓展

此款毛衫小外套，设计大师成功地将贴身的结构应用至毛衫，使敞领口、落肩、羊腿袖、四面构成、X型这些耳熟能详的词汇具有了别样的新意，释放出迷人的魅力（图3-56）。现将此款作为主体裁剪的拓展款。

图3-56

3.4.1 衣身上部

（1）人台标线，四面构成，前长后短，WL上提2cm，标前后侧片中点，手臂上标落肩缝、前后刀背缝和袖隆交点（图3-57）。

（2）前中心片整个坯样准备，固定前中（图3-58）。

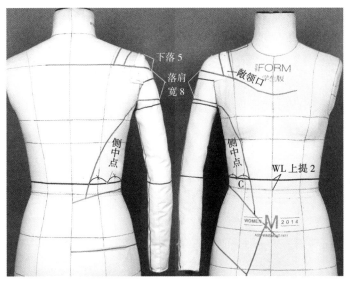
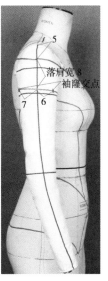
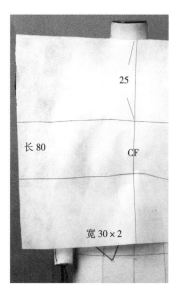

图3-57   图3-58

（3）敞领口裁剪、抚平，装肩带（图3-59）。

（4）塑造两个转折面：胸侧及上臂侧，两个转折面之间要做好倒"V"型沟式的过渡，固定转折面。从侧面观察，上臂侧的落肩转折面要自然。落肩缝、刀背缝裁剪，胸侧出现松量，各部位标线（图3-60）。

（5）侧片坯样准备，侧片腰围线中点对准人台侧片中点固定（图3-61）。

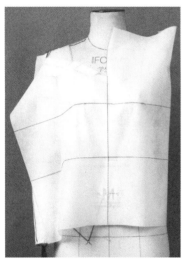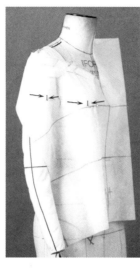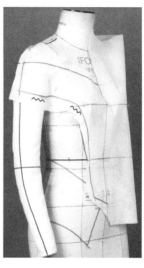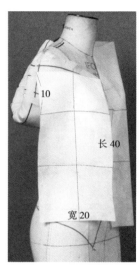

图 3-59　　　　　　　　　　图 3-60　　　　　　　　　　图 3-61

（6）侧片裁剪，中线上端稍往刀背缝倾斜，使侧片刀背缝与中心片刀背缝同长，剪开下口中线缝边，重合刀背缝（图3-62）。

（7）随着刀背缝增长，侧边同时出现松量，这有利于塑造袖窿转折面。从手臂袖窿交点往下塑造转折面，裁剪袖窿、刀背缝；侧面要保持自然平整，胸腰松量不能小于1cm，裁剪侧缝，各部位标线（图3-63）。

（8）后中心片坯样准备，固定后中（图3-64）。

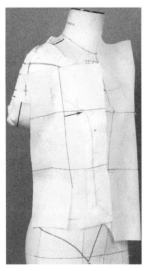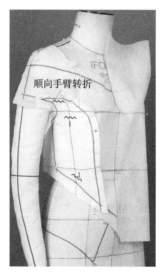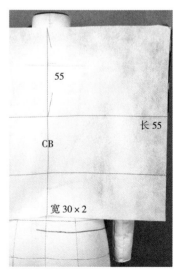

图 3-62　　　　　　　　　　图 3-63　　　　　　　　　　图 3-64

（9）后敞领口裁剪、抚平。塑造背侧、上臂侧连袖式转折面，转折面空间会自然大于前面。裁剪后领口，稍有松量（图3-65）。

（10）落肩缝裁剪、重合。刀背缝裁剪，各部位标线。刀背缝上部的松量是塑造转折面的关键（图3-66）。

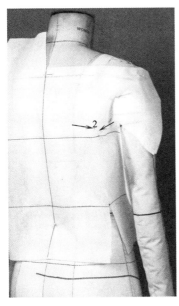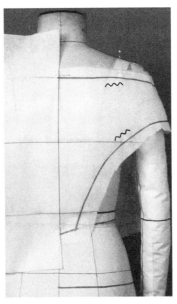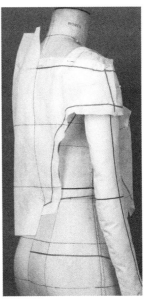

图3-65   图3-66

（11）后身侧片坯样准备，40cm×18cm，中线与WL的交点对准侧片中点固定（图3-67）。

（12）后身侧片裁剪方法同前，从手臂往背侧塑造转折面，中线上端稍往刀背缝倾斜，使侧片刀背缝与后中心片刀背缝同长。剪开中线两端的缝边，裁剪、重合刀背缝。裁剪袖窿，AH后长于前，总长43～44cm。抓合侧缝，各部位标线（图3-68）。

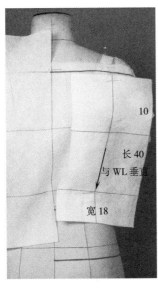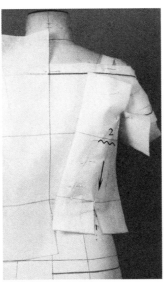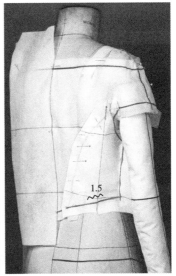

图3-67   图3-68

3.4.2 衣袖、衣身下部、组装

（1）落肩式羊腿袖坯样准备。EL与臂肘相对应，袖中线对准落肩端点固定。折袖山对褶尺寸为15cm×2，两边向上提拉，中间形成垂褶（图3-69）。

（2）在对褶两边反向折前褶（7cm）、后褶（8cm），同时收小袖下端部位（图3-70）。

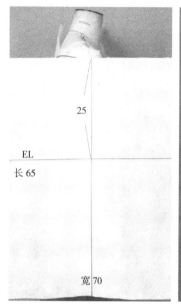

图3-69　　　　　　　　　　　　　　　图3-70

（3）将坯样试包转手臂，初现袖型，剪开袖山毛边（图3-71）。

（4）初定前下部袖山线：与袖窿对应，粗裁、点影前下部袖山，与前袖窿同长，袖山端点交于EL（图3-72）。

（5）后下部袖山放吃势0.2cm，点影，线端点在EL下落1.5cm左右，这样使袖子结构保持平衡（图3-73）。

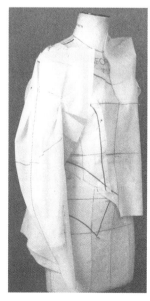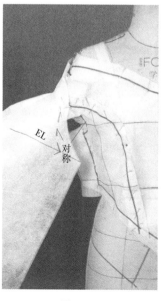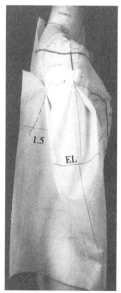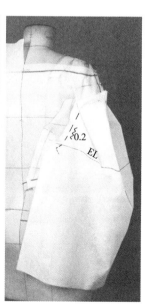

图3-71　　　　　　　图3-72　　　　　　　图3-73

（6）抬起手臂，缝装前、后下部袖山（图3-74）。

（7）前内袖缝固定、标线（图3-75）。

（8）内袖缝抓合、裁剪。袖口标线，完成袖子裁剪（图3-76）。

（9）后下片坯样准备，上口在中心线起翘4cm，固定后中。裁剪起点在后中盖过上片标线一个缝口，大致围合一下底边扩口造型，初定、点影上口裁剪线（图3-77）。

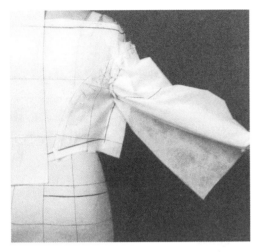

图 3-74

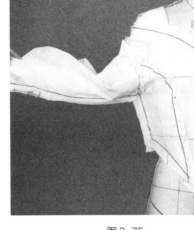

图 3-75

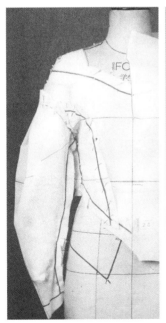

图 3-76

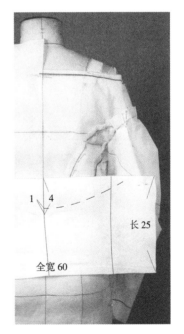

图 3-77

（10）裁剪上口，需要上下兼顾，使下口转折面扩摆造型圆转得体，转折面空间大4cm，上口线会自然产生吃势，归拢、重合上口缝边。侧缝标线、裁剪（图3-78）。

（11）前身下片坯样准备。裁法与后身下片相同，转折面空间大7cm。抓合下片侧缝。摆边标线、裁剪（图3-79）。

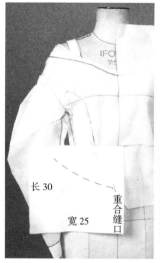
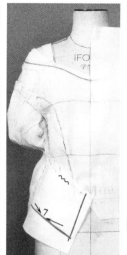
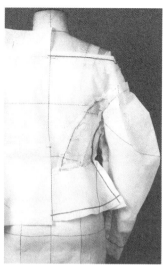

图3-78   图3-79

（12）裁片整理（图3-80）。

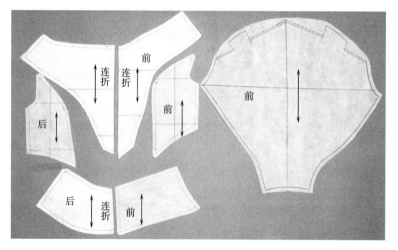

图3-80

（13）组装，确认造型（图3-81）。

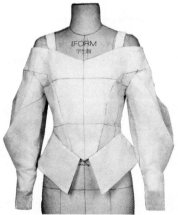

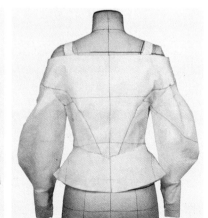

图3-81

3.5 六面构成上衣

巧妙的驳领创意，反向的翻折线，携同育克、刀背缝、胸省四位一体，化为一个活褶，具有别样的风采。迪奥首创六面结构，使服装更加贴体。本款结构较为复杂，操作难度空前，为利于学习，特采用规格设计。心中有数，操作就得心应手，更能加深对于板型结构原理的理解（图3-82）。

图3-82

3.5.1 规格与松量

（1）规格与松量设计（表3-1）。

表3-1 规格与松量设计（160/84A）
单位：cm

部位	后衣长	胸围	腰围	摆围松量	肩宽	袖长	袖肥	袖口围
尺寸	55	92	72	12	37	58	32	24

（2）前衣身、后衣身的三围松量、围度与省量的设计与分配

① 胸围松量：1/2（92-84）=4cm；松量分配：前身1.5cm，后身2.5cm。

② 腰围省量：1/2（92-72）=10cm；省量分配：前身4.5cm，后身5.5cm。

③ 前衣身腰围=前衣身胸围-4.5cm；后衣身腰围=后衣身胸围-5.5cm。

④ 摆围松量：1/2摆围松量=6cm；松量分配：前身4cm，后身2cm。

3.5.2 前衣身

（1）在仿真人台上标六面构成线，驳领结构线。在BL以上为育克与前中侧片上部巧妙组合而成的驳头，钉扣（图3-83）。

（2）人体体表曲度的差异使得处于同一水平线的结构线不等长，分别测量侧缝、前后公主线从BL至WL的长度，各标识为：● ● ●，长短差近1cm（图3-84）。

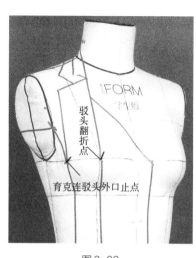
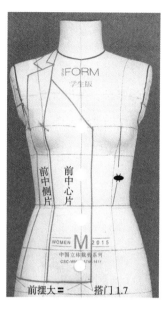
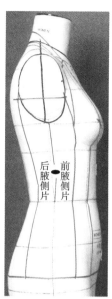
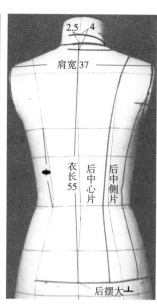

图 3-83　　　　　　　　　　　　　　　　　　　图 3-84

（3）前中心片坯样准备。折转门襟贴边，搭门宽 1.7cm，保持布样的自然状态，纵向切勿绷紧，固定前中。横向适当放松，裁剪，标线（图 3-85）。

（4）前腋侧片坯样准备。使中心线顺直，固定。剪开刀背缝腰口的毛边，BL 处适度放松。窿门处顺向胸侧自然转折，WL 至底边则由侧面向正面转折，不同方向的转折都要有相应的内层空间来支撑。前腋侧片裁剪、标线，保留侧缝缝边，以便与后侧毛边平行抓合（图 3-86）。

（5）分别测量前中心片与前腋侧片的三围尺寸，按此推算前中侧片与前总三围的大小。

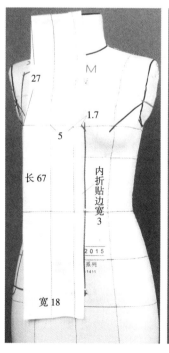
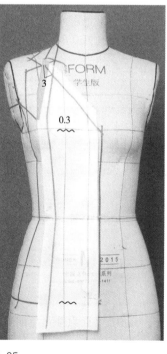
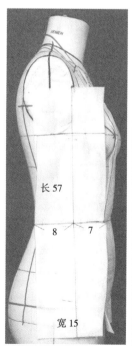
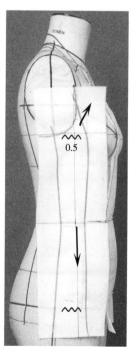

图 3-85　　　　　　　　　　　　　　　　　　　图 3-86

前胸围：●＋○＋●＝人台净前胸围＋松量1.5cm。

前腰围：▼＋▽＋▼＝坯样前胸围－腰省4.5cm。

前摆围：■＋□＋■＝人台前摆围＋松量4cm。

裁剪并非是拼凑表面数字，而是要做到操作的结果经得起这些数字的检验（图3-87）。

（6）育克连驳头坯样准备。摆放成随体转折状态，袖窿、胸围处自有松量产生（图3-88）。裁剪育克，固定袖窿、肩缝。沿翻折线折转坯样作为驳头，驳头连着育克裁剪、标线（图3-89）。

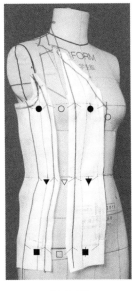

图 3-87

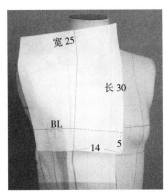

图 3-88

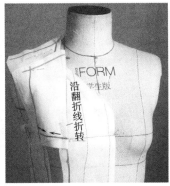

图 3-89

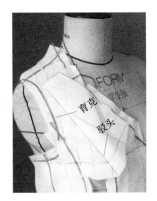

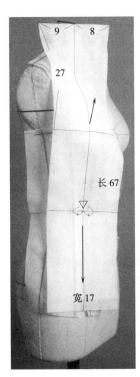

图 3-90

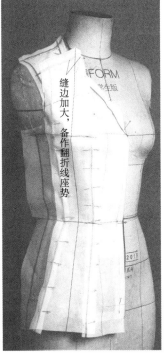

（7）前中侧片坯样准备。由中心线与WL的交点分向两边对称测定前中侧边。剪开腰口毛边，中心线在BL以上随体向领口倾斜、转折，作为驳头面布裁剪，此处有三层重叠。坯样在BL以下保持顺直，两边分别与前中心片、前腋侧片重合。裁剪缝边，在前中心片刀背缝侧的BL以上缝边要加大，备作翻折线座势（图3-90）。

3.5.3　后衣身、领、袖、组装

（1）后中心片坯样准备。摆平布样，背中线从背宽线往下有所撇进。剪开腰口毛边，固定后中。在背宽线上下纵向自然产生松量0.3 cm。后领口自然放松、裁剪。标记肩缝与公主线，裁剪，在公主线侧腰围以下的缝边保留，以便与后中侧片毛边平行抓合（图3-91）。

（2）后腋侧片坯样准备，尺寸同前。使中心线顺直，固定中心线。剪开后腋侧片腰口毛边，平行抓合侧缝毛边（图3-92）。

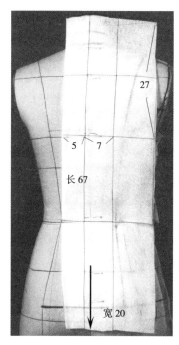
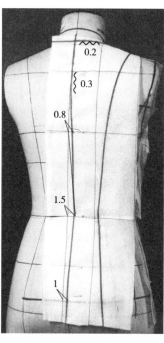

图3-91

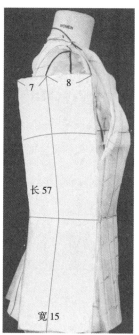
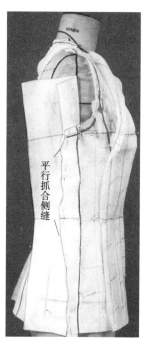

图3-92

（3）窿门、刀背缝裁剪、标线。在公主线侧的腰围以下缝边保留，以便与后中侧片毛边平行抓合。BL、摆围处适度放松，与后中心片相向造型。分别测量后中心片与后腋侧片的三围尺寸，按此推算后中侧片的三围与后总三围的大小（图3-93）。

后胸围：■＋□＋▥＝人台净后胸围＋松量2.5cm。

后腰围：◆＋◇＋◈＝坯样后胸围－后腰省量4.5cm。

后摆围：◤＋▽＋◣＝人台后摆围＋松量2cm。

（4）后中侧片坯样准备，中心线与WL的交点定位、摆放方法同前片。剪开腰口毛边，使中心线向摆边自然垂直。背宽线处是后背的最高部位，坯样在此要顺应这个转折，相当于将肩省转入刀背缝，纵向切勿绷紧。在袖窿侧往下至腰部要推塑背侧转折面，裁剪肩缝、袖窿。刀背缝裁剪，WL以上毛边与两侧重合，WL以下毛边不作裁剪，与两侧毛边平行抓合，后摆要有2cm松量。裁剪缝边，袖窿、下摆标线（图3-94）。

（5）驳领坯样准备。裁剪，翻折线与刀背缝对接要直顺（图3-95）。

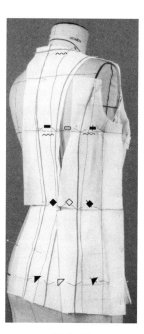

图3-93

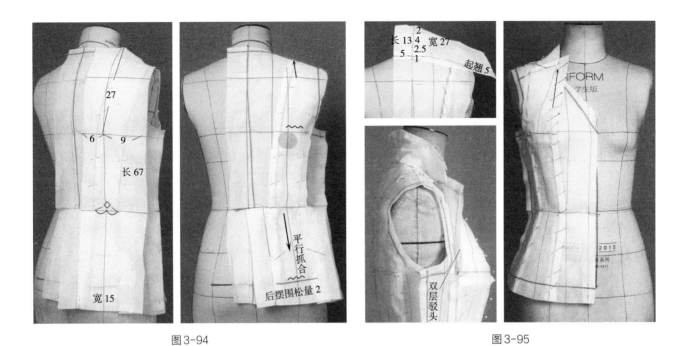

图 3-94   图 3-95

（6）衣身、领、插袋口边裁片整理与组装（图 3-96）。密切关注 WL 至 BL 刀背缝两边长度，因为倾斜度不同而引起胸围线对接高低差，这个差异使得处于同一水平线的不等长结构得以平衡过渡，多面构成要关注这些细节，特以本款作为讲解案例（图 3-97）。

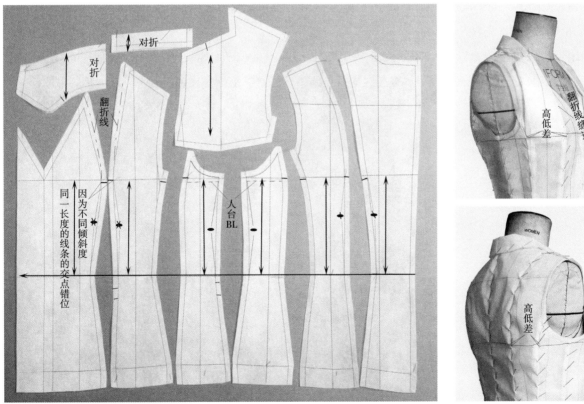

图 3-96   图 3-97

（7）西服袖裁剪、组装，袖口内旋（图3-98）。

（8）装袖，完成造型（图3-99）。

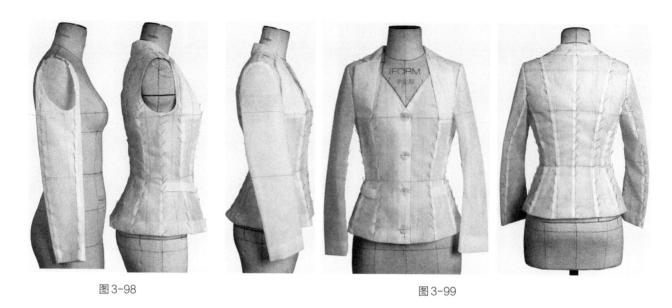

图3-98   图3-99

3.6 X廓型长大衣

此款为大翻领，在颈部微微敞开，翻领前面高高在上，后面不知低落何处。腰间袋盖由前往后娓娓而下，飘摇的裙裾般的大摆，完成X造型。

从结构而言，上半身可以纳入四面构成，两个侧片，后侧片类似三面构成的腋侧片。前侧片紧贴胸侧，扩充了侧面的比例，反衬了正面的苗条，高腰线上升至胸下，拉开了上下身比例，瘦身、立体感效果非常强烈（图3-100）。

图3-100

3.6.1 衣身

（1）人台标线，钉双排扣。肩缝向前移1cm，这是许多服装公司惯用的方法，优点是避开肩颈着力点，肩缝不易后偏，容易服帖等。前中外移0.5cm，以容纳前门襟材料的厚度。领子属于大平翻领结构，高腰线在BL下方7.5~8cm，为方便操作，侧面高腰线以下的凹陷部位用坯布绷平（图3-101）。

（2）前中心片坯样准备，前中对准外移0.5cm后的新前中线固定（图3-102）。

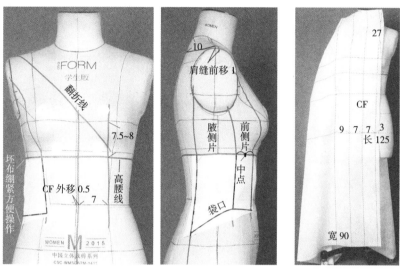

图3-101　　　　　　图3-102

（3）正面坯样三围理平，初步展开下摆，胸围加放1cm松量，固定，胸部余褶推往领口。剪开翻折点毛边，驳头翻折、标线。领口、肩缝裁剪，刀背缝连着袋口裁剪，在袋口部位放松量2cm，再折叠一个褶扩展下摆。侧缝裁剪，各部位标线（图3-103）。

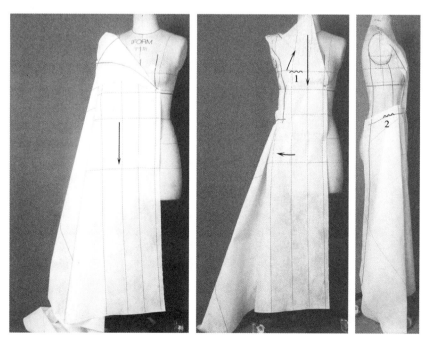

图3-103

（4）前胸侧片坯样准备。腰围线中点对准前高腰侧中点固定，使中心线向摆边自然垂直，裁剪，重合刀背缝与下部袋口。前腋侧缝裁剪，标线（图3-104）。

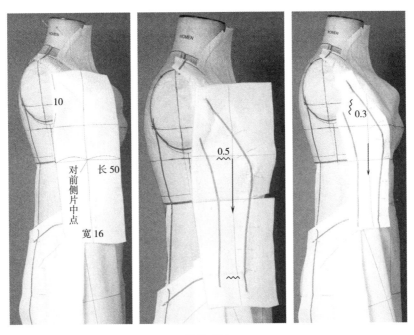

图3-104

（5）后中心片坯样准备。摆顺坯样，背中线在高腰处撇进1cm。剪开腰口的毛边，后中线下部外撇，上部纵向自然放松，以免背部起吊。固定后中。裁剪后领口、肩缝，将肩背部余褶自然推入领口与肩缝中段。在背部正面塑造X型轮廓，胸围在转折面有2~3cm松量，各部位标线，裁剪、重合（图3-105）。

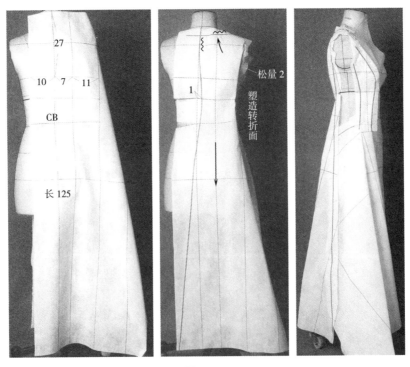

图3-105

（6）腋侧片坯样准备。中线对准人台侧线固定，在胸围线处捏缝1cm作为窿门松量。使中心线向摆边自然垂直，裁剪袖窿、重合两侧腋侧缝与下部袋口缝，袖窿标线。下摆边水平裁剪（图3-106）。

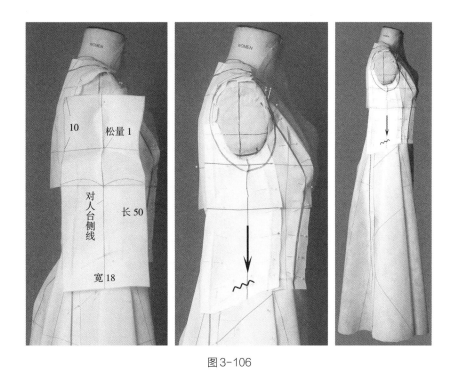

图 3-106

3.6.2 衣领、袋盖、组装

（1）大平翻领坯样准备。设定领座 n，翻领 m 的宽度，在后领口处挖掉一块余料，方便操作（图3-107）。

（2）从后中向前沿领口线裁剪、缝装领下口，同时折别领座高，理顺翻折线（图3-108）。

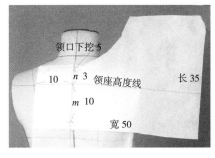

图 3-107

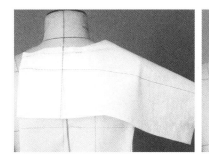

图 3-108

（3）转到前身片，剪开领口毛边，领样推抚理顺，与驳头对接自然。由后往前裁剪、折别领外口造型，重合串口线，领角标线、裁剪（图3-109）。

（4）裁剪、缝装大袋盖，袋盖中间呈现拱形，富有动感。下摆边裁剪，各部位标线（图3-110）。

（5）衣身、领组装（图3-111）。

（6）袖子为两片圆装袖，裁剪（略），裁片整理（图3-112）。

（7）装袖，完成造型（图3-113）。

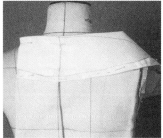
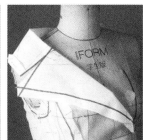

图 3-109

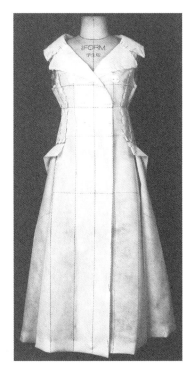

图 3-110 图 3-111

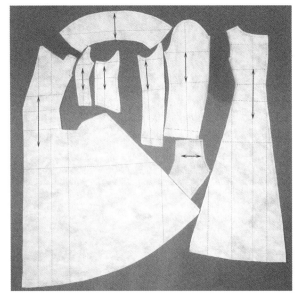

图 3-112

图 3-113

3.7 活褶修身长外套

此款长大衣以褶修身、扩摆，上半身简约贴体，下半身有四个活褶，层次丰富、空间深邃，以一个三角形的腰封褶统一造型，带来了全新的结构设计，对于立体裁剪与工艺都是一个极好的考量（图3-114）。

3.7.1 前衣身

（1）中心片坯样准备。WL上提1cm，固定前中（图3-115）。

（2）塑造胸侧转折面，约1cm松量并固定。胸部余褶约1cm推为撇门。剪开翻折点处毛边，折转门襟贴边，翻折驳头，粗裁领口。塑造落肩转折面，包转手臂要富于立体感，理顺落肩部位，粗裁落肩缝。领、肩部标线。对折省缝引导线，捏缝腰省，收腰刀背缝连着落肩袖口一起标线（图3-116）。

（3）刀背缝裁剪。中心片显示出落肩、强烈吸腰、大扩摆的特点（图3-117）。

图 3-114

（4）前侧片坯样准备。引导线对准下层中心片省缝引导线，临时固定。右侧从WL往下与中心片刀背缝缝合至底摆，合成为大活褶①，剪开腰口缝边，卸去引导线上的临时固定针，剪去大活褶①缝边（图3-118）。

（5）翻转侧片坯样。剪开WL以上刀背缝毛边，从O点下垂坯样形成褶②；从WL与侧缝交点折侧褶④收腰，同时膨大侧面臀腹部。剪开腰口缝边，收去腰部余量折为褶③作腰封。侧缝、袖窿标线，裁剪、重合前侧片O点以上刀背缝缝边（图3-119）。

（6）整理、协调各个褶造型，完善三角形腰封的塑造。固定侧缝与窑门。摆缝标线、裁剪（图3-120）。

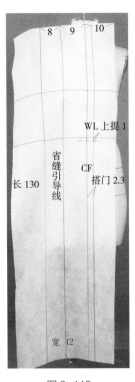
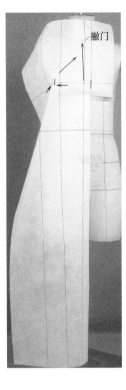
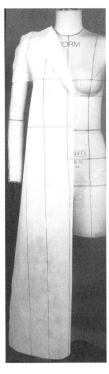
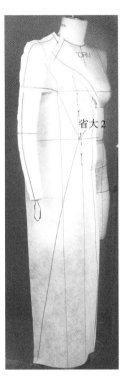
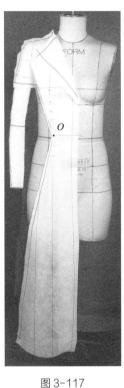

图 3-115 图 3-116 图 3-117

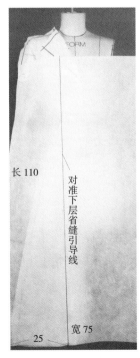

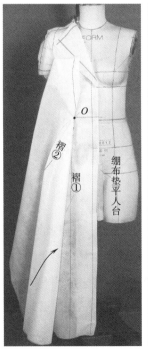

图 3-118 图 3-119

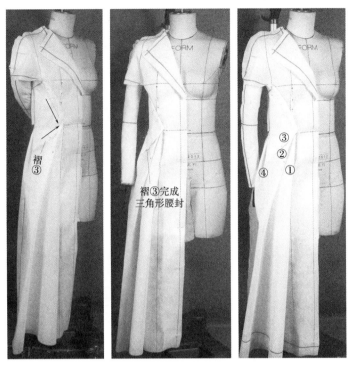

图 3-120

3.7.2　后衣身、组装

（1）后衣身整片坯样准备。WL上提1cm，固定后中。裁剪后领口，初步整理出背部上小下大的廓型，理顺肩背部转折与落肩造型，将肩背部余褶自然推入领口与肩臂连接处（图3-121）。

（2）重合落肩缝，标记领口、落肩袖口线。在WL以上背侧裁剪刀背缝，WL以下腰部余量向内折褶15cm（图3-122）。

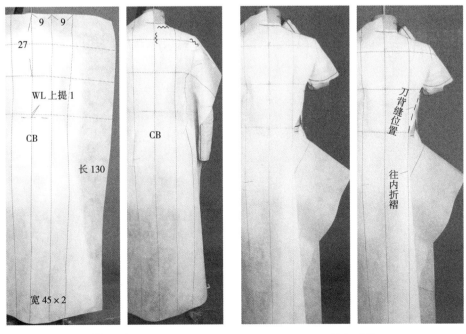

图 3-121　　　　　　　　　　　图 3-122

（3）将刀背缝的另一边向上提正，裁剪侧缝、与前身重合裁剪。塑造背侧转折面，刀背缝重合、裁剪（图3-123）。

（4）翻驳领裁剪（略）。从正、侧面观察，必须正侧折转有力度，三角形腰封特征上下鲜明。底边标线，裁剪（图3-124）。

（5）裁片整理（图3-125）。

（6）用薄料裁剪内装袖（略），组装（图3-126）。

图3-123

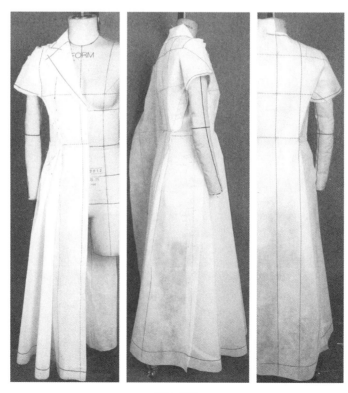

图3-124

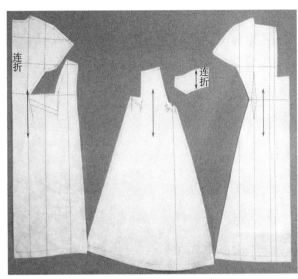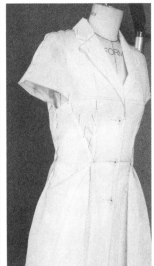

图 3-125

图 3-126

思考与技能训练

1. 四面构成西服

（1）效果图结构分析。四面构成，前身公主线直通领口，胸下呈直线状，大贴袋夹于两边侧缝中。门襟中段纵向略有松量，此状态杜绝了门襟交叉、往上爬的弊病，具有很大的体型覆盖率（图 3-127）。

（2）人台标线、钉扣（图3-128）。

（3）前中心片裁剪，在领口处撇门1.5~2cm至WL，使前中出现松势，BL处松量自然，固定坯样，标识公主线，胸下呈直线状（图3-129）。

图3-127

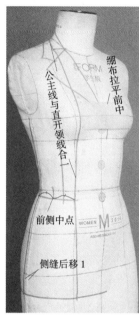

图3-128

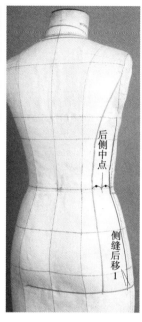

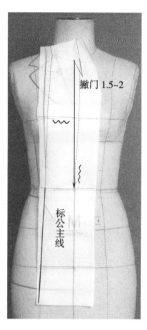

图3-129

（4）前侧片裁剪，坯样的WL与中线交点对准人台侧中点固定，此点以下中线向HL垂直，在胸侧塑造转折面，坯样向领口倾斜。剪开公主线腰口处缝边，裁剪公主线，要扩放下摆，使臀围处有3cm的放松量，重合此缝边。捏缝腰省，往侧面转折、固定（图3-130）。

（5）剪开腰口线侧面缝边，领口、驳头、袖窿裁剪与标线，侧缝固定、标线，上端放出0.5cm松量，缝边

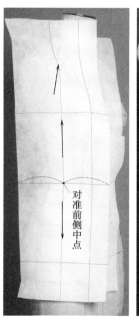

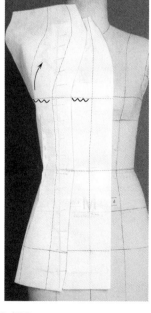

图3-130

不做裁剪，以便与后侧片抓合。前身三围松量测定：胸围1.5cm，腰围2cm，臀围3cm（图3-131）。

（6）后中心片坯样裁剪，背缝有撇势，领口与肩缝各有自然松量，背部胸围转折面有2cm的空间量（图3-132）。

（7）后侧片裁剪。坯样的固定方法同前侧片，侧缝与前侧片平行抓合，将整个坯样摆平，裁剪袖窿，上、下部刀背缝分别与中心片重合、平行抓合。后身三围松量测定：胸围2.5cm，腰围1cm，臀围2cm（图3-133）。

（8）驳领、大贴袋裁剪。大贴袋位于最外圈，要随体转折，适当放松，做到里外匀。钉扣，底边标线（图3-134）。

（9）衣身坯样整理。袖子裁剪同87页款西服袖，装袖，完成造型（图3-135）。

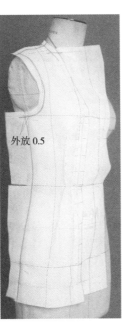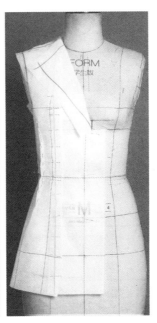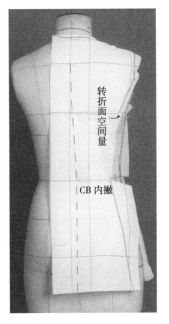

图3-131　　　　　　　　　　　　　　　　　　图3-132

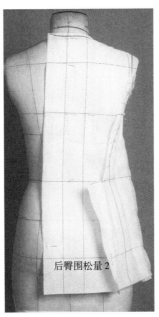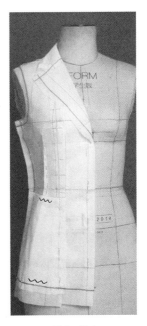

图3-133　　　　　　　　　　　　　　　　　　图3-134

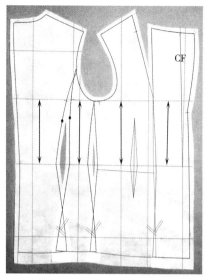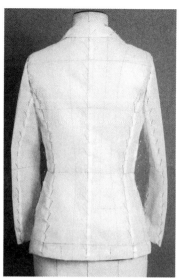

图3-135

2. 五面构成连身立领衫

此为全国职业院校技能大赛立体造型题库案例（表3-2、图3-136）。

表3-2 规格与尺寸设计（160/84A） 单位：cm

部位	后衣长	胸围	腰围	摆围	肩宽	袖长	袖肥	袖口围
尺寸	56	92	74	98	37	58	32	24

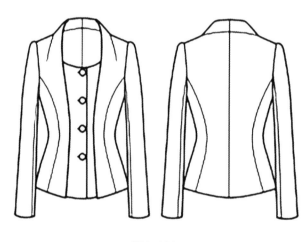

图3-136

（1）结构分析与人台准备。衣身分片为后二前三，放松量与三围计算同迪奥六面构成上衣。前身为连身立领，并延伸出后领部分。人台标线与钉扣，后衣长、肩宽按规格设定。为强调上、下身比例，WL向上提2cm（图3-137）。

（2）后身中心片裁剪。纵、横向自然放松，肩背部浮余量作为肩省分散，向三处转移，测量三围尺寸，同时计算好后侧片三围尺寸。后侧片裁剪要做到尺寸到位与空间造型漂亮两不误（图3-138）。

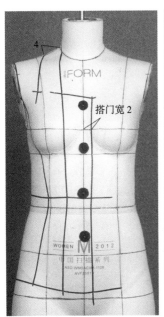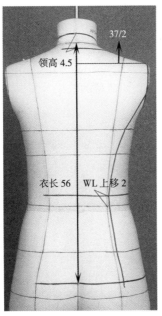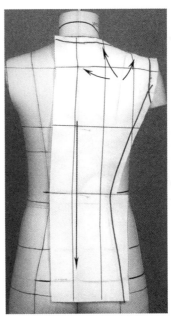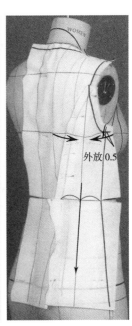

图 3-137   图 3-138

（3）前中片裁剪比较简便。位于三个裁片中间的前中片包含连身立领，胸省转移由该片完成，是前身裁剪造型的关键（图 3-139）。

（4）前中侧片裁剪。塑造转折面，将上部浮余量分出适量往侧刀背缝转移，均匀分散。其余浮余量推向颈侧，折叠为连领口省（图 3-140）。

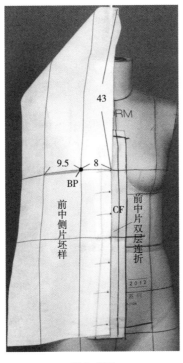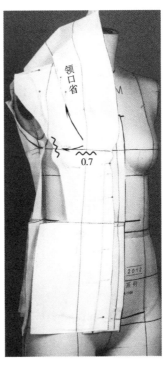

图 3-139   图 3-140

（5）裁剪前袖窿上部，前肩缝裁剪至领口省下面内侧的缝头，再粗裁余下部分绕往后领口、摆顺，裁剪、整理、装合成连身立领，要求领型服帖，颈侧有一指宽空间。前侧片裁剪，计算好三围尺寸，完成前身转折，重合刀背缝，平行抓合侧缝毛边。组装衣身（图3-141）。

（6）裁片整理与衣身结构展示。装袖，从半侧面审视立体造型的效果（图3-142）。

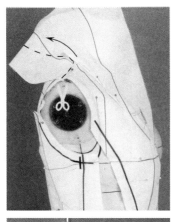

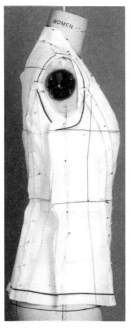
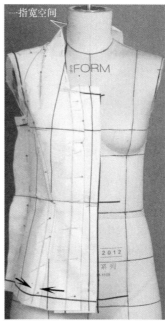
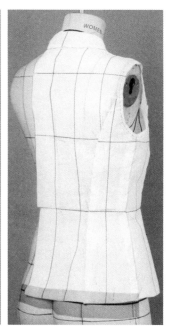

图 3-141

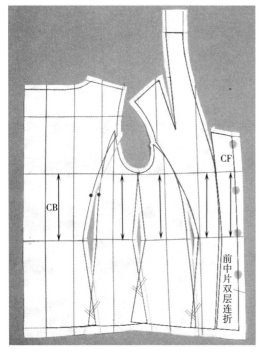
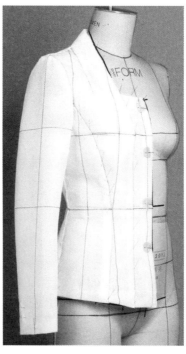
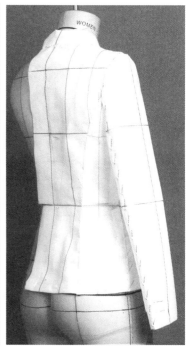

图 3-142

4 不同廓型与无胸省设计

本章廓型均比较宽松、外轮廓特征鲜明。在立体造型中，廓型款与无省常常是相辅相成的。在人台上随意拉出一个廓型的过程，胸部会有浮余量出现，此时结合相关部位的裁剪，将浮余量分散处理掉，但表面上不露痕迹，这就是无胸省裁剪。无胸省裁剪是服装结构设计发展的一个里程碑。在对于板型要求越来越高的当今社会，无胸省造型也不例外，无论廓型、宽松程度如何变化，都要以结构平衡为前提，以彰显人的相应气质，结构不平衡的服装则丑化了人体。廓型、结构不同，浮余量及其处理方式也不同，本章第1~6节对此有所展示，第7、第8节结构特殊，其中各有奥妙。

4.1 A廓型斜肩短大衣

此款设计将A廓型体现得淋漓尽致，袖型超越了传统两片袖的裁剪方法，更加巧妙地将袖的轮廓和上臂立面结构衔接起来，使着衣者显得窄肩瘦臂，却不失必要的舒适感，整体设计的视觉效果呈现出一种灵动活跃的个性美（图4-1）。

4.1.1 衣身和袖

（1）倒装垫肩，使肩斜呈约30°角，肩线前移1cm（图4-2）。

（2）前身坯样准备，固定前中，撇门2cm，领口、肩缝裁剪并固定。由肩端向下摆处拉出A字造型，正侧两面塑型，BL处有较大的折进空间量，检查摆量、松量符合整体A型轮廓设计要求，袖窿、侧缝、衣摆处分别固定（图4-3）。

图4-1

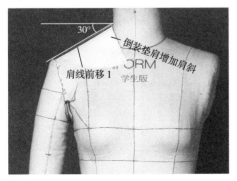

图4-2

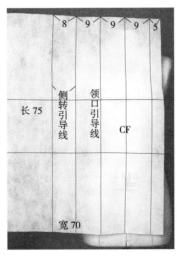

图4-3

（3）袖窿、侧缝裁剪、标线。由于A型塑造，胸侧留有较多的空间量，应注意袖窿结构要符合合体袖窿的造型要求（图4-4）。

（4）后身坯样准备，固定后中，领口松量约0.5cm，后肩缩缝量0.5cm，重合肩缝，从肩端向下摆处拉出A字造型，BL处有较大的戤势量，正侧两面造型平整，摆量、松量适宜（图4-5）。

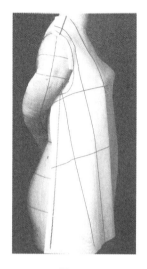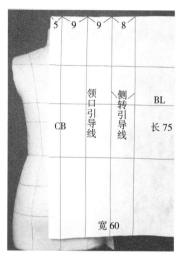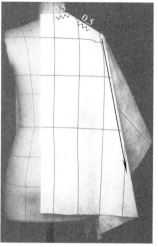

图4-4　　　　　　　　　　　　　　　　　　　　　　　图4-5

（5）抚平侧面坯样，重合侧缝，标后袖窿线，检查正侧两面的平整度和造型的美感，侧面部分应该有向内戤进的量（图4-6）。

（6）内外袖坯样两片，规格相同。手臂抬起固定，内袖片的垂直线对准衣身侧缝，水平线引导线与衣身BL、WL对应，固定。对应BL线往上5cm处横向剪开约13cm，手臂穿过此开口，同时剪开一段上部袖中线，使手臂摆放自然，理顺布面对准肩点固定。把衣身袖窿弧线拷贝、标到袖片上，作为内袖山弧线（图4-7）。

（7）放下手臂，沿所标内袖山弧线放缝裁剪、与袖窿别合，上部稍有吃势。裁剪、标袖山边线宽1~1.5cm，标线顺势往下与前后袖缝连接。下部袖子造型：前袖缝顺应手臂的弯度，后袖缝为膨出的羊腿型。

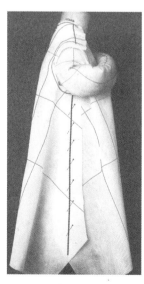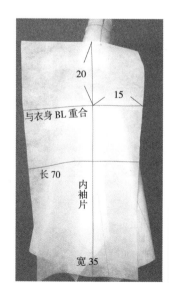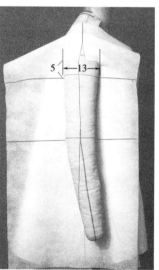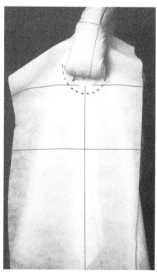

图4-6　　　　　　　　　　　　　　　　　　　　　　　图4-7

由此形成内层袖片的外轮廓线，各部位裁剪、标线（图4-8）。

（8）袖外片布样对准手臂中线、臂围水平线、肘线固定，往上抚平至肩点，留出纵向空间量约0.5cm，以提供三角肌活动空间，沿着前后袖山弧线（点*C*、点*D*位置大约在袖弧拐弯点参考值：离水平线前5cm、后7cm）盖合，点*C*、点*D*以下部分则与内袖片缝合，内外袖保持曲度的一致性（图4-9）。

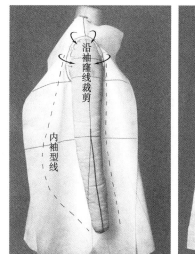
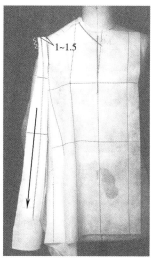

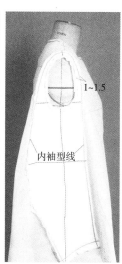

图4-8

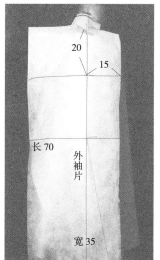
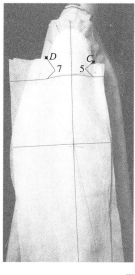
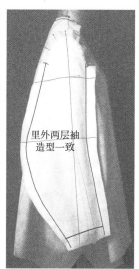
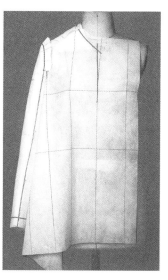

图4-9

4.1.2　领、组装

（1）领座坯样准备，领座宽5cm，领座前端点*F*从中心线缩进4~5cm，领座裁剪、标线，上口与颈部有适量的空间（图4-10）。

（2）领面坯样准备，粗裁翻领上口线，根据立翻领的裁剪方法进行裁剪造型，折转下口缝边，领宽9~10cm，领角标线，完成造型（图4-11）。

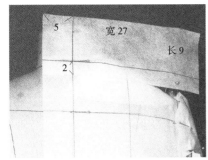
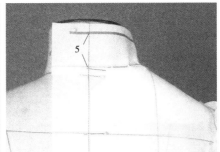
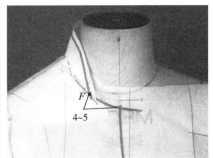

图 4-10

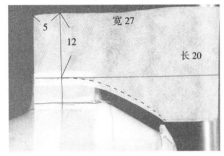
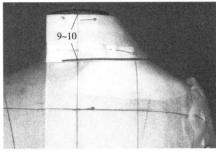

图 4-11

（3）前门襟、摆边标线，粗裁（图 4-12）。

（4）坯样的平面整理（图 4-13）。

（5）组装，确认效果（图 4-14）。

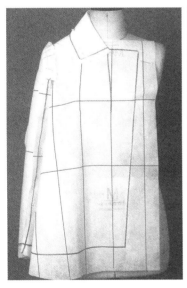
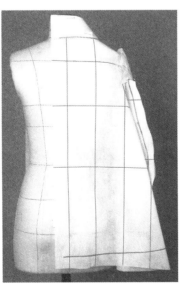
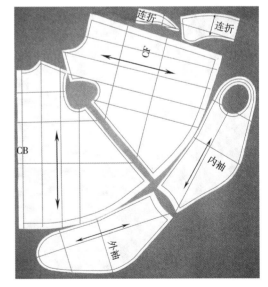

图 4-12

图 4-13

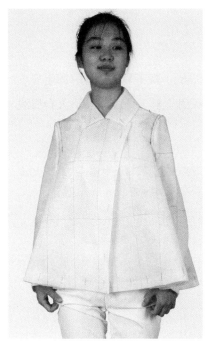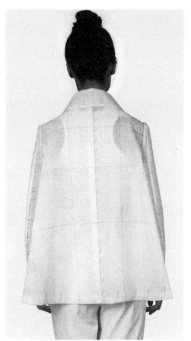

图 4-14

4.2 休闲短外套

此款外套亮点在于领型设计自由随意，落肩的袖窿形态配以宽松且较长的袖型，宽松自然，潇洒随意、无拘无束。后身袖肘处的锥形立体肘补，不论从侧面还是背面看，似乎更加提升了着装者不羁的个性，用沉稳的中灰度毛料来诠释再合适不过（图4-15）。

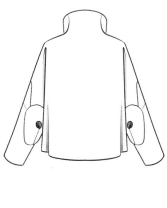

图 4-15

4.2.1 前后衣身

（1）人台标线（图4-16）。

（2）前身坯样准备，固定前中，撇门量1.5cm，固定胸高点（松量0.5cm）。抚平肩部布样，固定肩点。肩点 S 向下垂直理平布样造型，布样侧身余量自然内折成型、固定侧缝。定肩线与连身领交点：由人台肩线与公主线交点处外移1cm剪开缝边（图4-17）。

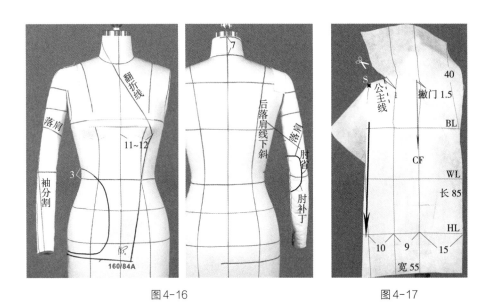

图4-16   图4-17

（3）塑造落肩前身转折面，从上到下要造型平顺，空间适度，标落肩线。将手臂后置，检查胸侧与袖臂处的布样转折是否平顺合理，最后展开布样，从落肩点 S' 至侧缝顶点构成前落肩袖窿线，连着标侧缝线，侧缝顶点在WL上6cm（图4-18）。

（4）对准人台标线向下翻折领子，领与颈脖距离空间较大，约2cm，领外口、门襟、口袋、摆边等标线，裁剪（图4-19）。

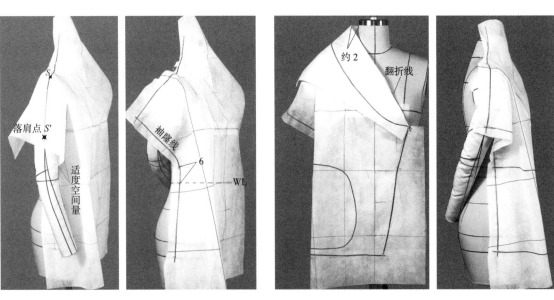

图4-18   图4-19

（5）后身坯样准备。固定后中，将肩背部浮余量推向后连身领与肩缝部位，抚平肩部坯样，初步固定领肩段，肩端点向下垂直造型，形成较大的戤势量。对应前肩领部的剪口剪开缝边。理顺肩领处的转折关系，塑造后落肩形态与空间量，要与后背戤势相匹配，因此后袖筒空间量会较大（图4-20）。

（6）别合领肩缝，袖窿、侧缝标线，粗裁，重合侧缝，下摆标线（图4-21）。

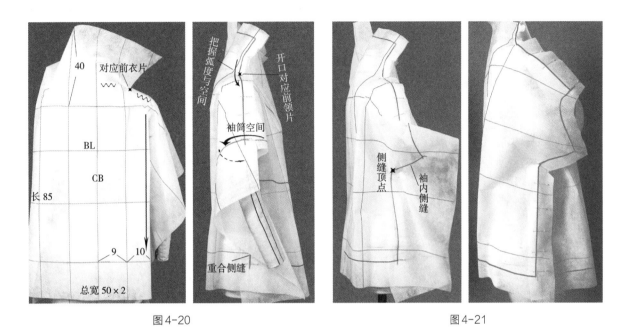

图4-20   图4-21

4.2.2 落肩袖

（1）袖前片坯样准备。引导线交点对应落肩点 S' 固定。使袖中引导线垂直，坯样上口覆盖住落肩袖窿线，围裹前臂，别合前袖山至侧缝顶点，在手臂正面部分将袖样稍拉伸，标袖中线并固定（图4-22）。

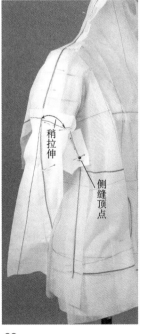

图4-22

（2）前袖造型，要求空间适度，结构顺畅，转折面与手臂结构相符，向上理顺内侧布样，固定于手臂上，袖肘处留10cm空间量、袖口处留有空间量6cm，袖内侧缝与袖口标线、粗裁（图4-23）。

（3）后袖片坯样准备。围裹、装袖的方法基本同前，关键是把握后肘处留有足够的空间量（参考值12cm），袖肘处做一省道约2cm，使布样自然前拐，内侧缝出现较大松弛量，重合袖中缝线（图4-24）。

（4）后肘下侧布样余量向手臂内侧收拢固定，注意袖口空间量保持在7~8cm。保持前后片的结构平衡，肘补丁挖洞、标线，标肘补丁上口中心点O，袖口标线（图4-25）。

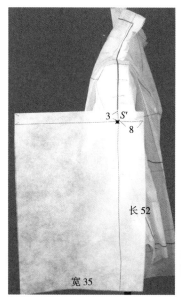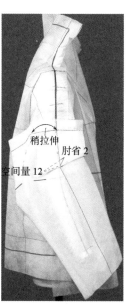

图4-23　　　　　　　　　　　　　　　　　　　图4-24

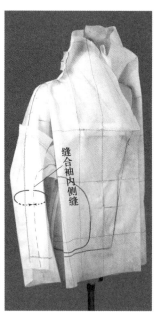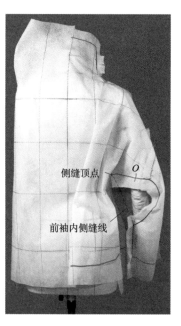

图4-25

（5）肘补丁坯样准备，对准肘补丁上口中心点别合。剪开中线上端缝边，中轴线处取6~7cm作为补丁高度，再由此往内折进，顺势塑造"∩"拱形立面（图4-26）。

（6）坯样与肘补丁线拉成一定角度，顺着标线往内收拢余量，裁剪肘补丁的形态，前袖片内侧缝与肘补丁缝边抓合，拱形立面内理顺后将坯样拉出，成为锥形状态（图4-27）。

（7）检查抬举袖子时的结构平衡度（图4-28）。

（8）肘补丁的锥尾最后应往内推进（图4-29）。

（9）内侧缝与袖子正面结构展示（图4-30）。

（10）坯样的平面整理（图4-31）。

（11）组装，确认效果（图4-32）。

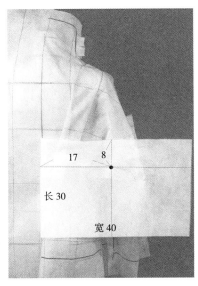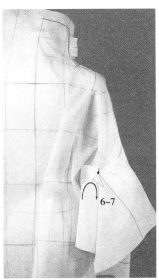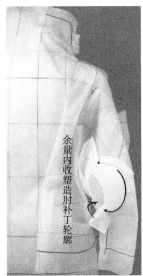

图4-26　　　　　　　　　　　　　　　　　　　　图4-27

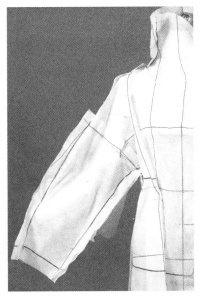

图4-28　　　　　　　　　　　图4-29

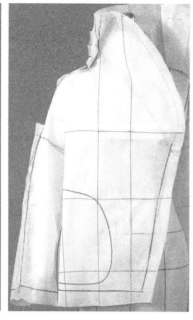

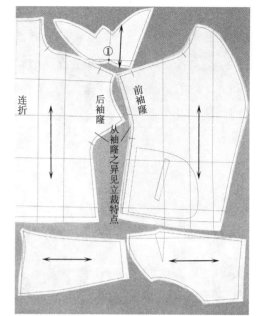

图4-30

图4-31

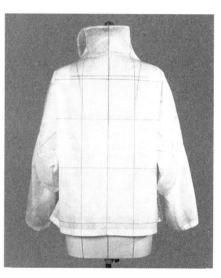

图4-32

4.3　假两件H廓型大西服

　　此款设计巧妙之处在于看似两件，实为一体。通过在肩领刀背缝处嵌入西服领，使里外领型更为自然服帖。超大翻领成功吸引观赏者的眼球，也使整件服装线条更加简洁明朗，落落大方。低落的腰带位置，让服装产生连衣裙、夹克衫、外套多种穿法的视觉效果（图4-33）。

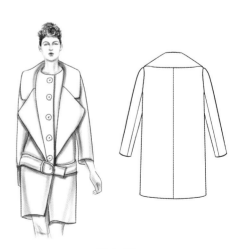

图4-33

4.3.1 前后衣身

（1）前衣身坯样准备，固定前中（图4-34）。

（2）从前向后裁剪基型领口。松量0.3cm，领口搭门3cm，以BL为基线塑造箱型领口。距后中心4~5cm
标内领口线，过侧颈点外3cm标翻领（胸省省缝）线，粗裁省缝至止点A上5~6cm（图4-35）。

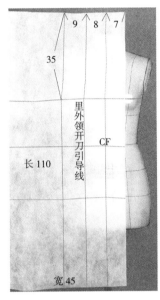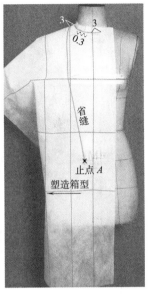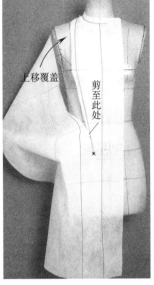

图4-34   图4-35

（3）塑造H廓型，固定胸侧转折面，胸腰结构平衡且立体，BL空间量2~3cm，HL空间量4~5cm。省缝
抓合、裁剪、标线（图4-36）。

（4）袖窿、侧缝、下摆裁剪，标线（图4-37）。

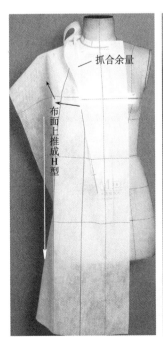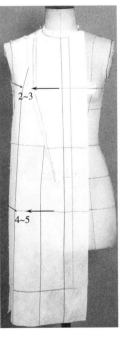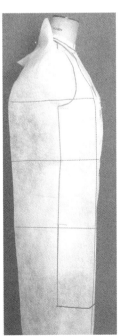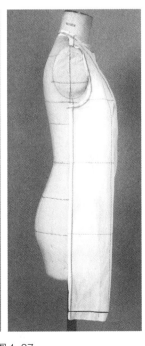

图4-36   图4-37

（5）后衣片坯样准备，固定后中（图4-38）。

（6）粗裁领口、肩缝。将肩部余褶（肩省）分向三处转移：后中线，肩缝，后领口。背缝线下部撇进处理，重新固定后中，重合肩缝，袖窿裁剪、固定。由上而下塑H廓型，BL空间量5~6cm，HL空间量4~5cm，重合、裁剪侧缝。下摆裁剪，各部位标线（图4-39）。

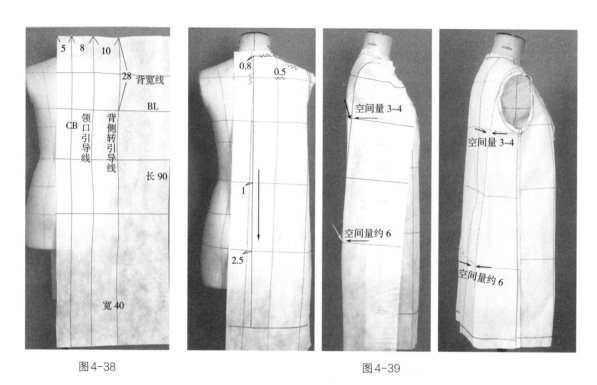

图4-38　　　　　　　　　　　　　　　　　　图4-39

4.3.2　领、袖、组装

（1）驳头坯样准备，驳头翻折量引导线距胸高点约4cm垂直固定，坯样与衣身省缝贴合，布样向开刀线折进约座势3cm，沿开刀线折合至A点，作为驳头外翻的内部座势量；驳头标线，粗裁（图4-40）。

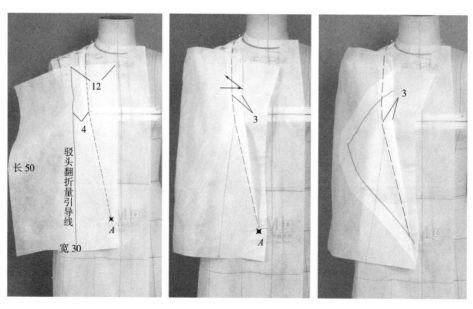

图4-40

（2）大翻领坯样准备、固定。画领子下口粗裁参考线，折出领座3cm，对准后中和衣身领口线别合固定，由后往前，边别合、边翻折领样，翻至颈侧处时，应留有适当空间（图4-41）。

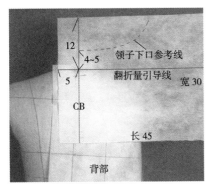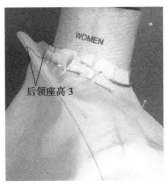

图4-41

（3）翻领与驳头的翻折线相贴合，别合驳头串口线，从上到下理顺翻折线与翻领形态。翻领外口标线、裁剪（图4-42）。

（4）西服袖打板、裁剪（略）。装袖，上部袖山是毛装。要感觉所在位置合适，袖山吃势量摆放均匀，精心造型（图4-43）。

（5）坯样的平面整理（图4-44）。

（6）组装，确认效果（图4-45）。

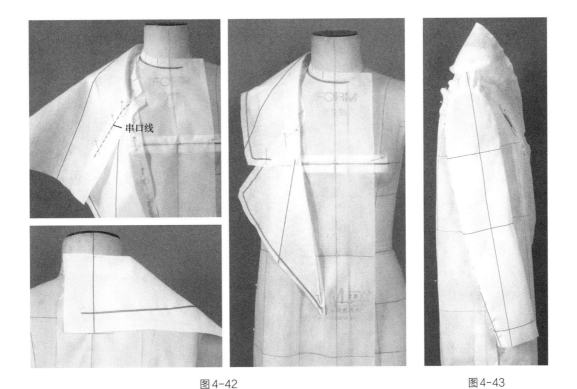

图4-42   图4-43

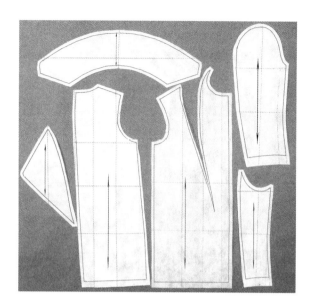

图4-44

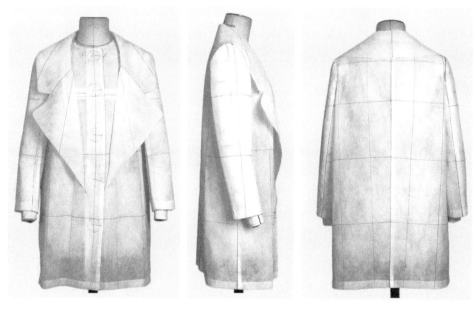

图4-45

4.4 梯形大衣

　　想当初，皮尔·卡丹（Pierre Cardin）之鼎鼎大名，对于刚刚起步的中国时装界可谓如雷贯耳。本款让我们欣赏到大师的设计庄重沉稳而不失摩登，简单的廓型衬托出别样的高贵。厚实的材质，前移的肩缝使重心落定，方正的侧面更令二面衣身结构产生了胜似三面构成的力度，具有梯形的稳定感，微微内收的前腰，为本款增添几分妩媚（图4-46）。

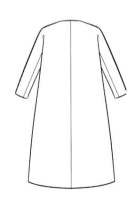

图4-46

4.4.1 前衣身和连袖后衣身

（1）前衣身坯样准备，固定前中（图4-47）。

（2）粗裁领口，塑造梯型，保持两侧BP坯样水平，从胸侧往下整理好上小下大的廓型，在正、侧面都进行固定；从胸侧往上将袖窿至肩头部位理平，余褶推往领口、门襟部位。折转门襟缝边，使搭门的上下同样宽度。粗裁肩缝、袖窿，剪开腰口缝边，各部位标线。肩缝向前移1cm，侧缝向前移3cm（图4-48）。

（3）前侧缝裁剪。后衣身连袖坯样准备，固定后中。塑造梯式廓型，保持背宽线中段的水平，向上理平坯样，领口裁剪；从背侧向下整理好上小下大的廓型（图4-49）。

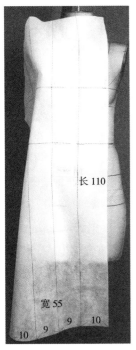

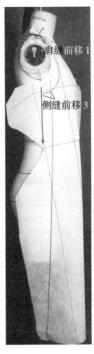
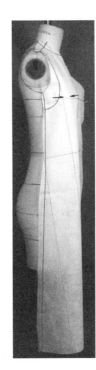
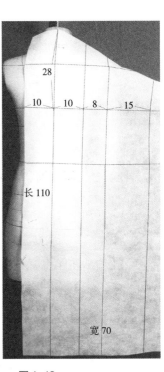

图4-47   图4-48   图4-49

（4）将连袖部分在手臂上摆顺，中部会自然产生一点余量，适当归拢，固定，粗裁连袖中缝、连袖后袖缝，连袖的分叉点位于BL以上5cm，重合侧缝、后侧缝、窿门裁剪，后窿门标线。固定前内侧袖缝（图4-50）。

（5）后内侧袖坯样准备，袖中线随着手臂摆向斜差。抬起手臂，裁剪、装合内侧袖山。连袖后袖缝标线，在肘凸处自然产生余量，与内侧袖抓合时适当归拢（图4-51）。

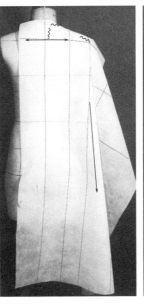

图4-50

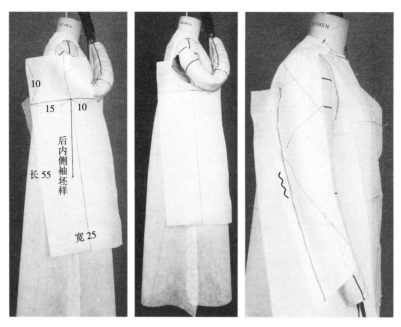

图 4-51

4.4.2 前衣袖、组装

（1）连袖中缝标线要随肩缝前移1cm。裁剪内侧袖两侧缝边、袖口，前内袖缝标线，要在手臂内侧不外露（图4-52）。

（2）前袖坯样准备，中线对着连袖上部摆放垂直、固定。裁剪、装合上部袖山；裁剪、重合袖中缝，将该缝抻长2cm，以顺应手臂前弯状态（图4-53）。

（3）裁剪、装合下部袖山，要求平服不起皱。裁剪、抓合前内袖缝，要求袖缝不外露，袖口内旋。肘弯处做前袖缝拔开处理，使之服帖。下摆裁剪，各部位标线（图4-54）。

（4）坯样的平面整理（图4-55）。

（5）组装，确认效果（图4-56）。

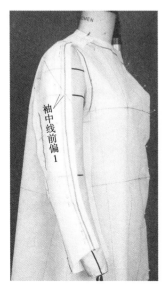

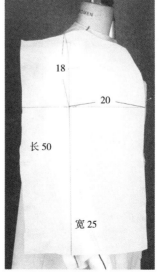

图 4-52   图 4-53

图4-54

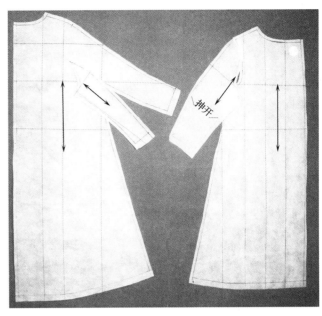

图4-55

图4-56

4.5　茧型长大衣

茧型结构的服装款式给人以落落大方的感觉，袖型却扑朔迷离。是插肩袖？连袖？落肩袖？大斜肩使垫肩倒装，侧缝斜贯前后，宽松的衣身完全包容了手臂摆动的所需空间，因此袖窿门造型可以天马行空。拼块式样的架构，待在其剥茧式的操作中破解（图4-57）。

图4-57

4.5.1 衣身

（1）人台准备，垫肩倒装，贴着颈脖，以加大肩斜度。前袖窿与倾斜的侧缝一体化。后身纵向在肩部借至前身片约2.5cm，横向借至前身腋侧，窿门都在后身坯样上（图4-58）。

（2）前衣身坯样准备，固定前中（图4-59）。

（3）安装手臂，粗裁前领口，将前胸余褶推往领口，前中因此出现撇门。肩缝、袖窿裁剪。折转坯样，将手臂包在其中，收小下部，塑造茧型。在腋侧手臂上固定廓型。各部位标线，侧缝呈现倾斜状（图4-60）。

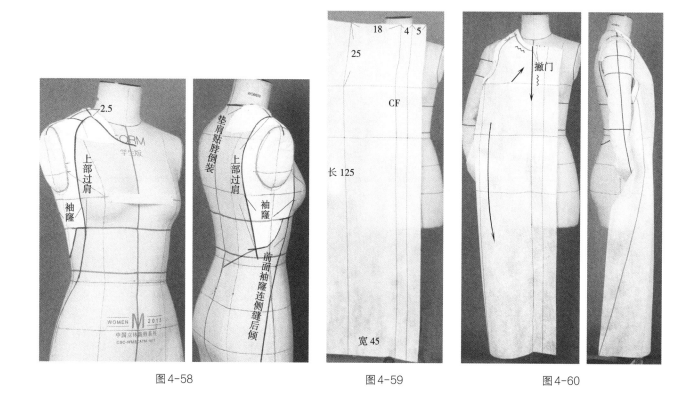

图4-58   图4-59   图4-60

（4）后身上部整个坯样准备。固定后中，领口、肩缝裁剪。借助手臂铺平、固定坯样，标线、裁剪上小下大的形态。过肩坯样准备，覆在手臂上，在袖中线上固定（图4-61）。

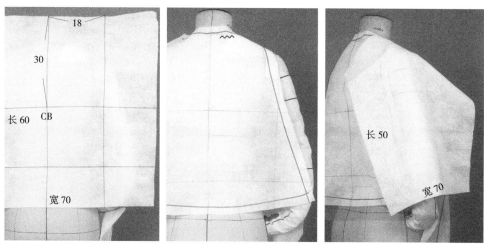

图4-61

（5）过肩坯样与后上部重合，推出后背戤势，转至前面与前衣身重合，塑造前胸转折面连同包转手臂，要自然得体。在重合的过程中，袖山前后上部都会自然产生吃势，必须适当归平（图4-62）。

（6）顺应手臂前摆的姿态，后身上部分割线与上部袖窿标线、裁剪（图4-63）。

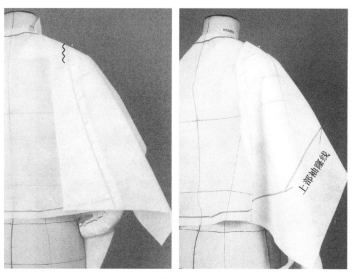

图4-62

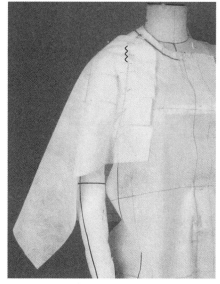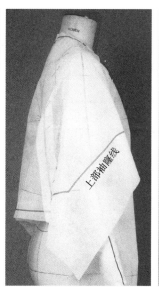

图4-63

（7）后身下部整个坯样准备，下边与前身平，固定后中（图4-64）。

（8）由后中往侧缝重合上、下部，在转折面处往上提拉坯样，收小下摆，形成两头小、中间大的茧型（图4-65）。

（9）重合侧缝，后侧上部由于增大而下垂（图4-66）。

4.5.2 领、袖、组装

（1）剪开、粗裁侧缝缝边，粗裁袖窿，下摆标线（图4-67）。

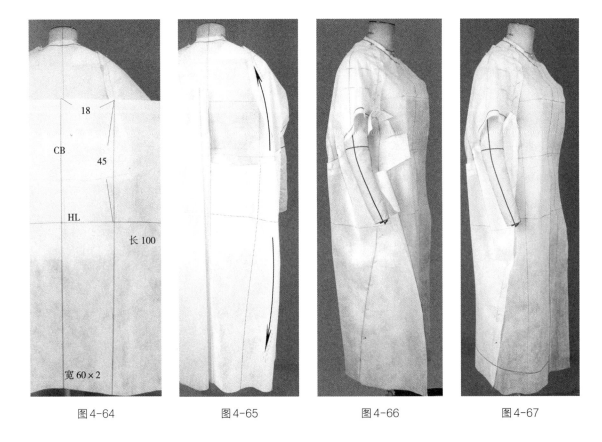

图 4-64	图 4-65	图 4-66	图 4-67

（2）小立领裁剪，其特色是以小衬大，小而精致，前面起翘以上口服帖为前提（图4-68）。

（3）袖窿门裁剪、标线。袖窿结构形态展示，前身过肩接合3cm。后片与下部的转角为内袖缝的对接点（图4-69）。

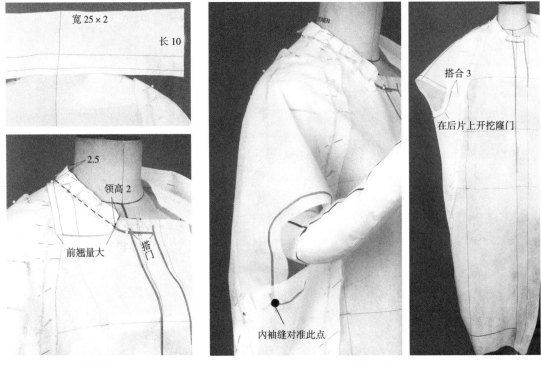

图 4-68   图 4-69

（4）衣袖坯样准备。坯样平覆在手臂上，要顺应往前摆的姿态，上部中段与过肩重合，固定袖中部位，折转坯样呈袖筒状，下部袖山结构要在与窿门装合平整自然的前提下，边裁边装，之后抓合内袖缝（图4-70）。

（5）裁剪内袖缝、袖口，标袖中线（图4-71）。

（6）坯样的平面整理（图4-72）。

（7）组装，确认造型，袖子颇具特色，衣身是一个宽大的茧型（图4-73）。

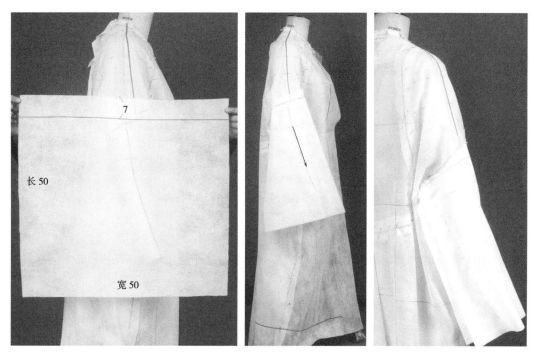

图4-70

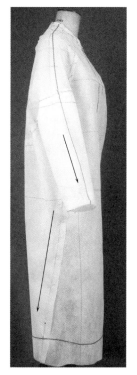

图4-71

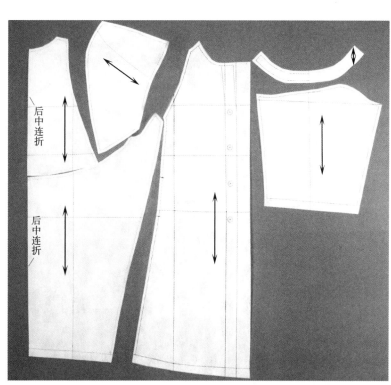

图4-72

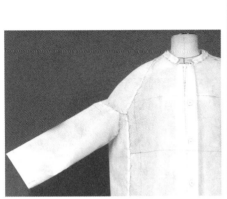

图4-73

4.6 帐篷型长大衣

煌煌大气之作，第一感觉就是强烈的震撼！帐篷、金字塔等字眼岂能概全。结构匠心非同寻常，后身裁剪更费思量，架构式的下摆要分四次造型（图4-74）。

图4-74

4.6.1 前后衣身

（1）前身坯样准备，固定前中（图4-75）。

（2）塑型。从侧面往正面初步塑造出A型，坯样的下围放至最大，在腋侧捏缝袖窿省至HL以下，使正面廓型清晰。粗裁前领口，前胸浮余量推往领口、前中（图4-76）。

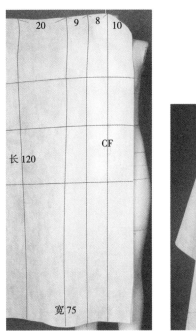
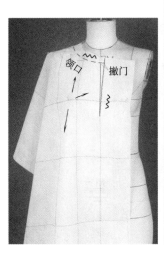

图4-75　　　　　　　　　　图4-76

（3）侧面在腰部腋侧省下自然产生波浪，肩缝、袖窿裁剪，摆正侧缝，裁剪、标线（图4-77）。

（4）后上部坯样准备，粗裁后领口。塑造A型。将肩背部余褶推往领口、肩缝（图4-78）。

（5）袖窿裁剪，在背宽处往下推塑转折面，使正、侧面廓型清晰，固定。各部位标线，后背分割线下的多余部分不能剪去，以便下部的裁片附在上面造型。重合侧缝（图4-79）。

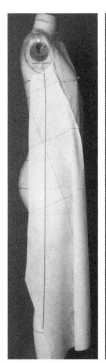
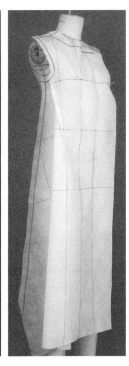
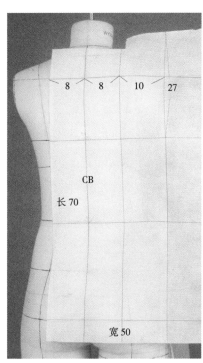
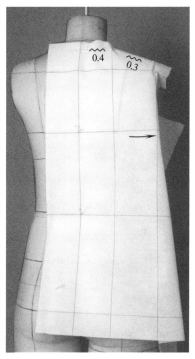

图4-77　　　　　　　　　　图4-78

（6）后下部坯样A片准备。引导线都与上部坯样对应，顺着上部轮廓往下塑型。HL以下标线，一边为斜向后中线，另一边在HL以下拐弯即浪褶①的a线（图4-80）。

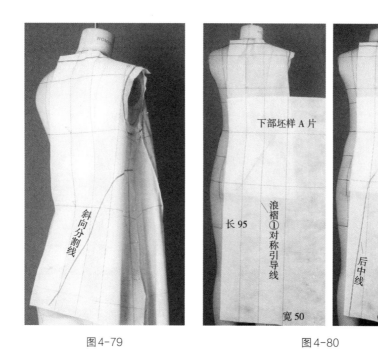

图4-79   图4-80

（7）裁剪、重合后中线HL以上斜向分割线，侧上端与前衣身重合。裁剪在HL以下拐弯的另一边（图4-81）。

（8）下部坯样B片准备，引导线都与上部坯样相对应（图4-82）。

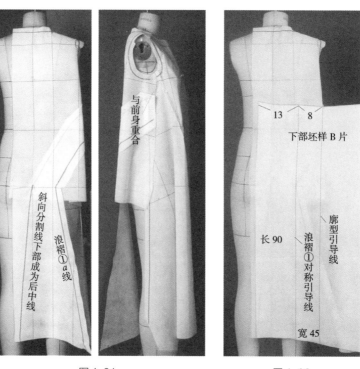

图4-81   图4-82

（9）HL以上部分操作方法同坯样A片，侧上端与前衣身重合。HL以下一边与坯样A片的*a*线对称、作为浪褶①的*b*线。另一边即为廓型分割线。裁剪后重合*a*、*b*线缝边，再将浪褶①往内折进（图4-83）。

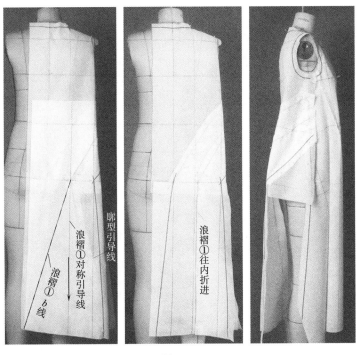

图4-83

（10）下部坯样C片准备，廓型引导线与坯样B片相对应（图4-84）。

（11）HL以上部分操作方法同上，侧上端与前衣身重合。顺着上部轮廓往下完成后身轮廓塑型。HL以下一边为与坯样B片对称的廓型分割线，另一边即为浪褶②的*a*线（图4-85）。

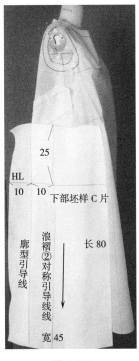
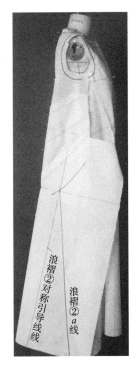

图4-84　　　　　　　　　　　　　图4-85

（12）下部坯样 D 片准备，坯样摆正、固定（图 4-86）。

（13）HL 以上部分操作方法同上。HL 以下一边为与坯样 C 片相对称的浪褶②的 b 线，另一边为侧缝，裁剪这两边，将坯样 C 片浪褶②的 a 线边覆于上面，沿引导线内折浪褶②，侧缝边与前衣身重合，下摆标线、裁剪（图 4-87）。

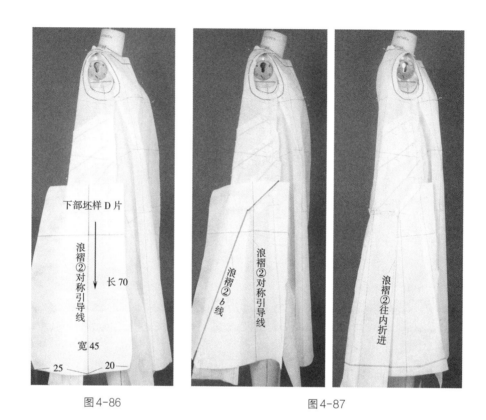

下部坯样 D 片

浪褶②对称引导线

长 70

宽 45

25　20

浪褶②对称引导线

浪褶② b 线

浪褶②往内折进

图 4-86　　　　　　　　　　　　　　图 4-87

4.6.2　翻领、组装

（1）立翻领坯样准备，将一片 65cm×65cm 的坯样一角对折，即为后中连折线，剪成本图状态。再剪去领后中起翘，从后中往前装合至前中（图 4-88）。

（2）定后领座高 10cm，往前逐渐降低至 6cm。翻下坯样，裁剪翻领造型，缝边外折，在操作中要密切关

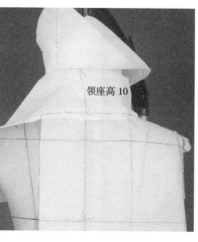
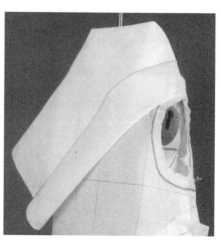

30

下口起翘 5

后中连折线

65

领座高 10

图 4-88

注立、翻状态，使之自然服帖（图4-89）。

（3）立翻领外口裁剪、标线。立翻领与衣身组装（图4-90）。

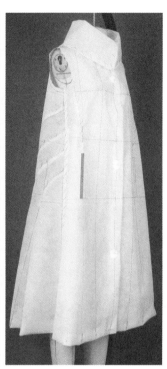

图4-89　　　　　　　　　　　　　　　　　　　图4-90

（4）袖子裁剪（略），坯样的平面整理（图4-91）。

（5）组装，试衣，后中缝在HL以下自然合为一个对褶，确认造型（图4-92）。

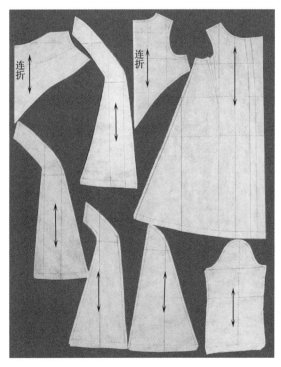

图4-91

图4-92

4.7 一开身女上装

本款设计奇妙，独辟蹊径，整件衣身连着挂面，只需要一片布立体造型。廓型后面为A型，前面为H型，穿着潇洒，又不拘泥于廓型。款式经久不衰，艺术的生命力永恒（图4-93）。

图4-93

4.7.1 衣身连门襟贴边

（1）整件衣片坯样准备，后中相连，在后身别样，固定后中（图4-94）。

（2）后身裁剪，从上往下，剪开后中至后领口引导线，折领口内褶大8cm。裁剪领口与肩缝并保持自然的松势。塑造A廓型，裁剪、标线（图4-95）。

（3）坯样转往侧面塑型，裁剪袖窿。再向前面转折，初步塑造右前身廓型（图4-96）。

（4）纱向在前中呈斜向。粗裁前领口、肩缝，重合肩缝。门襟贴边向正面折转，设定前中位置、固定。构思领口与驳头造型（图4-97）。

（5）门襟、贴边、驳头、袖窿裁剪，各部位标线（图4-98）。

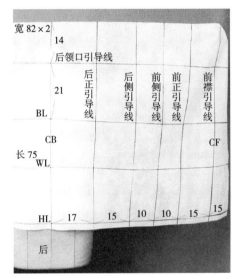
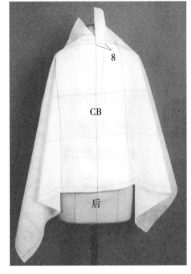
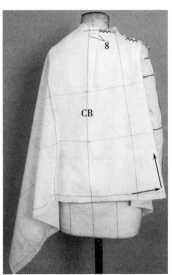

图4-94　　　　　　　　　　　图4-95

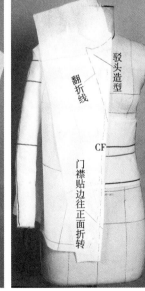

图4-96　　　　　　　　　　　图4-97

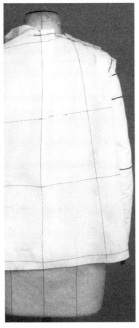

图4-98

4.7.2 袖、领、组装

（1）驳领坯样准备，裁剪驳领。组装，确认造型（图4-99）。

（2）画袖板，在EL处切入5cm的活褶。裁剪，缝袖筒，装袖（图4-100）。

（3）坯样的平面整理，后领口褶被整合为一个单向的大褶（图4-101）。

（4）组装，试衣，确认造型（图4-102）。

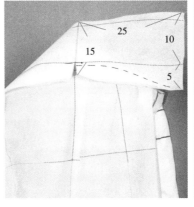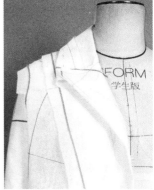

图4-99

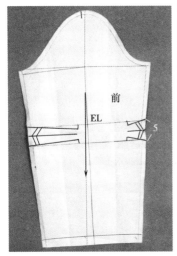

图4-100

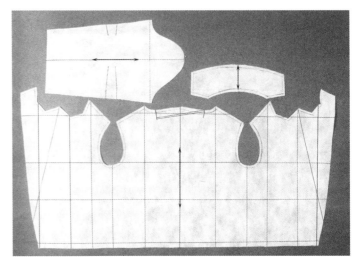

图4-101

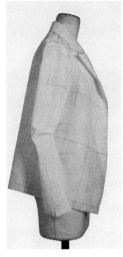

图 4-102

4.8　一开身女外套

一个斜角对折，成就一个O型衣身，侧面呈现悬垂状态，下摆自然内收。前领角内卷，撑起一个别样的空间。套娃似的套袖结构，拓展着新的时尚，使整个廓型更加丰满（图4-103）。

4.8.1　一块布衣身

（1）坯样准备，160cm×160cm，画对角线斜折，作为纵向引导线，与人台侧线相对合。从HL往上5cm画一条横向引导线。转到前面，斜拉坯样，设定前衣身上大下小的廓型，在HL设定放松量10cm×2（双层），虚线描画HL与前中线，固定前中与侧中纵向引导线（图4-104）。

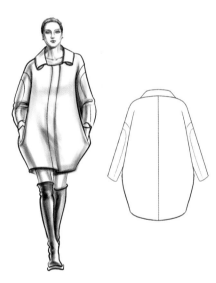

图 4-103

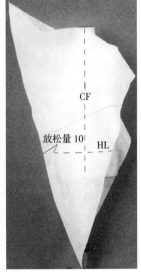

图 4-104

（2）标前中线，粗裁门襟、领口、肩缝（图4-105）。

（3）在HL以上15cm处剪开作为侧缝（图4-106）。

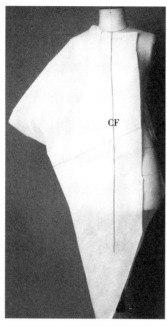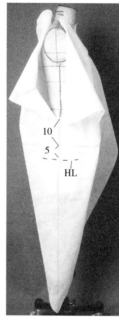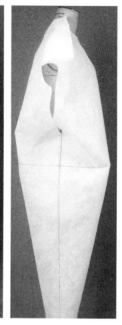

图4-105　　　　　　　　　　　图4-106

（4）转到后面，整理廓型，后中标线、固定。粗裁后领口、下摆。装上手臂，整理前衣身，塑造胸侧转折面，粗裁袖窿，少量余褶移向前中，其余移向侧面开衩处，领口、落肩缝、袖窿标线，裁剪（图4-107）。

（5）侧面开衩处将前身的余褶捏省。裁剪后衣身，背部余褶推往领口、落肩缝。背侧戤势、袖窿与侧缝，都要达到相当的平顺程度，袖窿AH要后长于前，各部位标线。重合侧缝、落肩缝。下摆整理、水平标线。衣身下部呈前高后低垂坠状。裁剪，装合门襟、扣子（图4-108）。

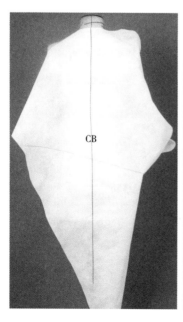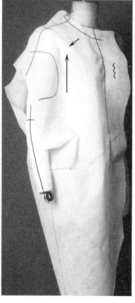

图4-107

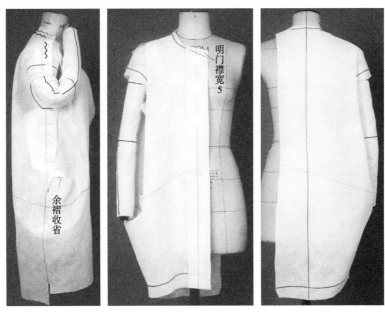

图4-108

4.8.2 领、袖、组装

（1）准备衣领坯样。一边裁剪、装合下口，一边将翻领外口外卷造型（图4-109）。

（2）在肩缝下约3cm处剪开缝边，改向内侧翻卷领角造型，上下翻折服帖，最后修圆领角（图4-110）。

（3）平面裁剪套袖。一个袖片分割为中心片与内侧片，为方便操作，坯样不分片，完成立体造型操作后再分离。此法为平面裁剪立体调整，优点是平面出样方便，立体操作可以随机调整，以补平裁之不足。平裁时将基础袖山上部展开为套袖山，内含省道，上部袖山线短于袖窿，这既增加了袖山的立体感，又符合落肩袖装袖要倒吃针的要求（图4-111）。

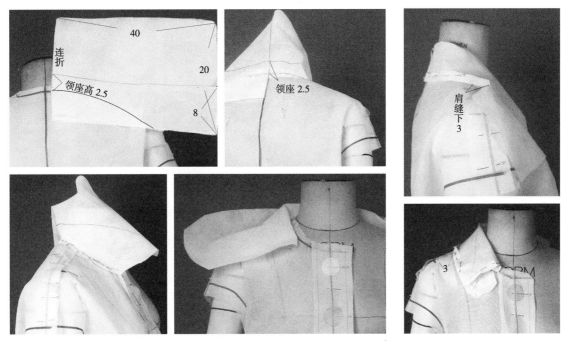

图4-109   图4-110

（4）组装衣身、领子。裁剪，组装贴袋（图4-112）。

（5）套袖坯样准备，裁剪（略）。袖山省往内折别，剪开、抓合前分割线下部缝边，袖片后下部缝边抓合为袖口省。缝合袖筒。在缝合前分割线下部缝边与内袖缝时都要抻开前内侧片缝边，使袖子顺应手臂前摆。剪开袖山毛边，装袖。各部位标线。观察整个套袖的造型是否符合设计要求，能否兼顾袖样的活动功能，如有偏差即做立体调整（图4-113）。

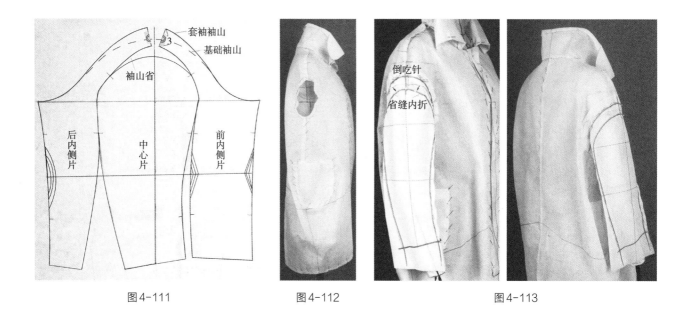

图4-111　　　　　　图4-112　　　　　　图4-113

（6）裁片整理，拷贝袖子纸样，再按此重裁坯样，假缝，确认结构（图4-114）。

（7）组装，最后确认效果（图4-115）。

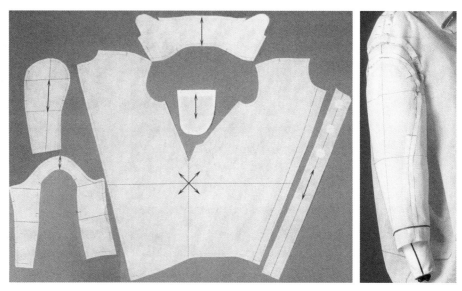

图4-114

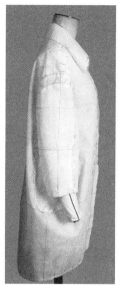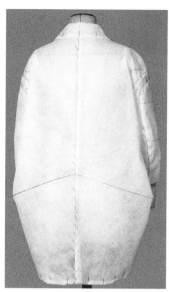

图4-115

思考与技能训练

1. 无省无纺坯样

（1）无纺坯样效果图（图4-116）。

（2）将前身坯样正面摆平、固定。从胸侧袖窿处往下初步塑造A廓型。粗裁领口，少量余褶作为松量分向领口、前中，致使前中外撇1.5cm。肩缝裁剪，固定。折转前门襟贴边。裁剪袖窿、侧缝，各部位标线。检查前身造型：正侧转折分明，袖窿平顺自然，立体感强，侧缝垂直（图4-117）。

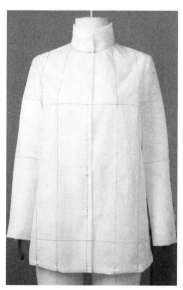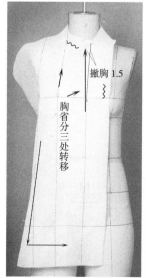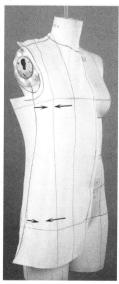

图4-116　　　　　　　　　　　　　　　　　图4-117

（3）后身坯样背宽线以下摆平，往下塑造矩形状态。背宽线以上形成肩省，省量转往领口、肩缝中段、袖窿，裁剪这三个部位，重合肩缝。领口、袖窿标线（图4-118）。

（4）裁剪、重合后的侧缝必须垂直。检查整个袖窿的平衡度，测量袖窿长度AH，后片必须长于前片。立领裁剪，下摆标线（图4-119）。

 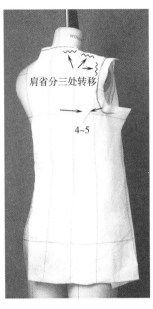  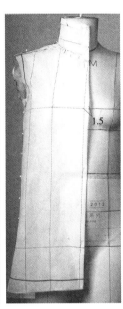

图4-118　　　　　　　　　　　　　　　　　　　图4-119

2. 体验不同材质对于造型与板型的影响

（1）雪纺坯样，款型、操作同上一款坯样衣，但是效果不同，板型各异。极强的悬垂性能使袖窿下垂，BP点下方起浪，前身下摆成了波浪造型（图4-120）。

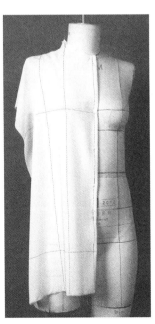 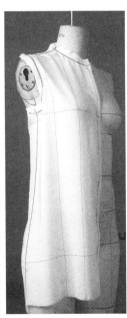 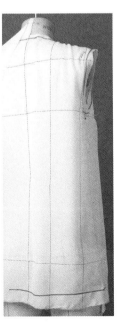 

图4-120

（2）雪纺坯样效果图（图4-121）。

（3）无纺坯样与雪纺坯样的前身板型比较。雪纺的立体裁剪难度比较大，所以在服装公司，这样的坯样一般是平面裁剪立体调板（图4-122）。

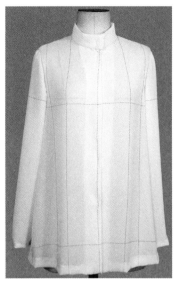

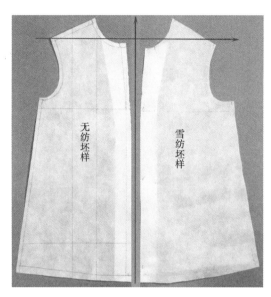

图4-121　　　　　　　　　　　　　　　　　　　　图4-122

3. 无省落肩外套

（1）效果图（图4-123）。

（2）独立操作，着装效果体验。在完成组装后，再完成实样裁剪、工艺制作，制作效果要达到图4-123式样的效果：造型平整，门襟线条流畅，不豁不搅（图4-124）。

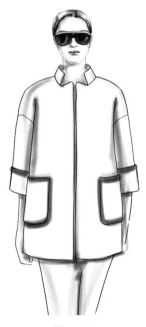

图4-123　　　　　　　　　　　　　　　　　　　　图4-124

5 连袖设计

连袖是欧洲中世纪与东方服饰的二维平面式结构与西式三维立体化结构的嫁接，既有平面服饰的简约、含蓄，又有西式结构的立体化转折面、平挺而自然。就设计而言，一个"连"字能融入无限的创意，但操作技术的难度也随之增加，是非常考量一个品牌乃至一位打板师的板型与工艺技术的一大品类。单单用平面裁剪很难达到两全其美，而立体裁剪利用直观性的优势，则能达到这个目的。

本章开篇是无胸省连袖的基础造型，后面各款从套装至大衣，形态设计手法自由奔放，变化多端，各有各的法度，但无一不是借鉴了连袖加立体皱褶的风采。

5.1 较贴体型无胸省连袖衫

如果采用平面裁剪无胸省连袖衫，首先是转移的胸省量不容易把控，其次是袖中缝很容易后偏，腋下往往堆积皱褶。立体裁剪操作是另一种格局，前身造型起自腋面，以平顺、立体感为先，能有效减少腋下皱褶。连袖又使结构平面化，胸省量减少，最后将少量的余褶（胸省量）推向领口与前中，化作松量处理。前、后内袖缝弧度差别很大，这也是立体裁剪的特色。为方便平面裁剪借鉴，特在坯样上画上原型（图5-1）。

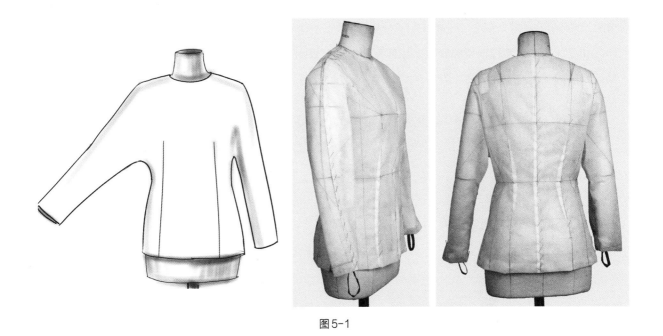

图5-1

5.1.1 连袖前身

（1）人台装上手臂。前衣身坯样准备，画上原型，固定前中（图5-2）。

（2）由下往上，塑造正面廓型，在HL留有3.5~4.5cm余量。在胸侧上方推出"Λ"型沟，固定肩部，在手臂上固定胸侧转折面，原型的胸省量大部分在此被"吃"掉了。粗裁内袖缝，在WL以下侧缝线内侧固定（图5-3）。

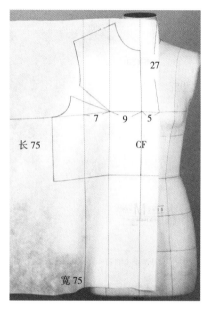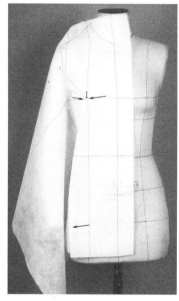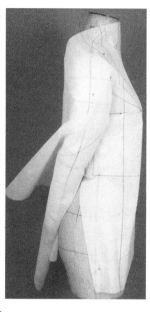

图5-2　　　　　　　　　　　　　　　　　图5-3

（3）捏缝腰省，由于BP点与下部的垂直落差大，下部起空，腰省要缝至底部，收去一部分空量。将手臂抬至所需角度，将坯样在手臂上摆平，在臂中线前侧固定，放下手臂（图5-4）。

（4）由于手臂呈自然往前弯曲状态，坯样在袖中缝上被绷紧，粗裁袖中缝，剪开毛边，抻开中段，理顺袖型，袖口自然内旋，袖中缝标线（图5-5）。

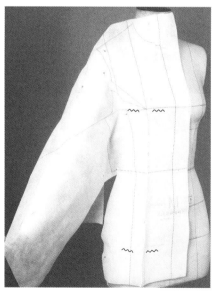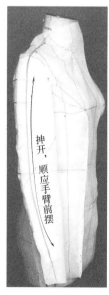

图5-4　　　　　　　　　　　　　　图5-5

（5）粗裁领口，将余褶推向领口与前中，成为撇门。在臂侧捏缝袖肥与袖口松量。抬起手臂，裁剪内袖缝，固定肘线以下部分，标内袖缝、领口与撇门线（图5-6）。

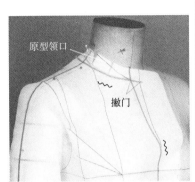
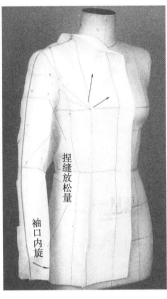
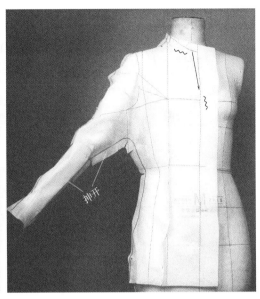

图5-6

5.1.2 连袖后身、组装

（1）后衣身坯样准备，画上原型。后中贴体化处理，坯样从背宽线往下向内撇进，固定后中。裁剪后领口、肩缝，将肩背部浮余量推往领口与肩部，重合肩缝。保持WL、BL水平，由下往上，塑造廓型，至背侧要推足戤势量，BL以上纵向要适当放松，有利于肩缝不后偏。在手臂上固定背侧转折面，在HL转折面留有1~2cm空间量。粗裁、固定下部侧缝（图5-7）。

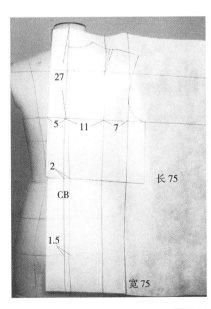
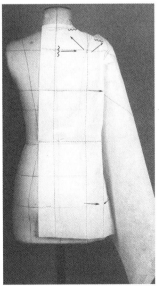

图5-7

（2）重合下部侧缝，捏缝腰省，省量约3.5cm，要使省缝两边转折分明，无不良皱褶。将手臂往前抬至所需角度，将坯样在手臂上摆平，袖中缝会自然产生与前袖相反的现象，即袖样松弛。归缩、重合、粗裁袖中缝（图5-8）。

（3）袖筒造型，在臂后侧捏缝袖肥与袖口松量，要后大于前（图5-9）。

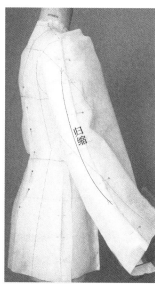

图5-8 　　　　　　　　　　　　　　　　　　　　图5-9

（4）抬起手臂，裁剪、抓合WL以上内袖缝，然后去掉固定坯样与捏缝松量的大头针，观察、调整放开的连袖状态，力求平顺、少皱褶，各部位标线（图5-10）。

（5）裁片整理（图5-11）。

（6）组装。抬起手臂，观察连袖结构。连袖的押势与松势均为操作中自然产生，要审时度势，把握好这个量（图5-12）。

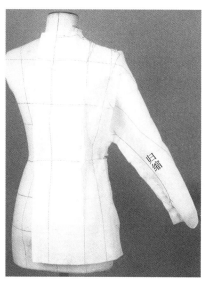
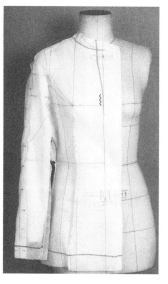

图5-10 　　　　　　　　　　　　　　　　　　　　图5-11

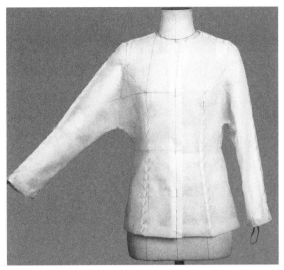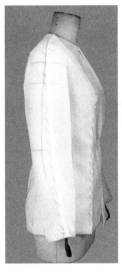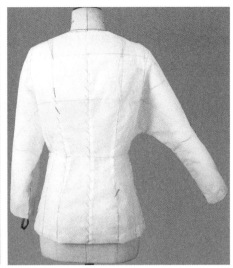

图 5-12

5.2 前 H 后 T 造型连身袖上衣

无领设计突出服装的连身袖型，袖口上的前倾大褶使服装正面在简洁的衣身衬托下出现弧形外扩，后片的形态呈现上宽下窄，使服装的后面、侧面效果极具特色，前 H 后 T 的造型展现出女性刚柔并济的浪漫情怀（图 5-13）。

图 5-13

5.2.1 前衣身

（1）前衣身坯样准备。侧面空间引导线作为设定结构松量的参考，固定前中，领口上部撇门2cm，使前面平顺。塑造正、侧面箱型转折，撇门、BL 以上部位的松量与连袖结构消融了胸省量（图 5-14）。

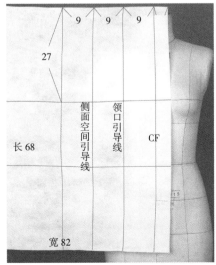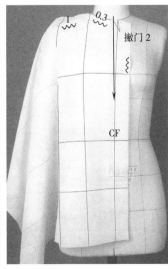

图 5-14

（2）将人台手臂拉至背后面固定，坯布样往后展开，侧身BL处留出适当松量，以满足正面H型的款式需要。往腋下纵深，理顺侧缝处，WL往上2cm固定，此处是袖深点，由下往上裁剪至此，固定侧缝。打弧形剪口，便于前袖内侧缝的定位（图5-15）。

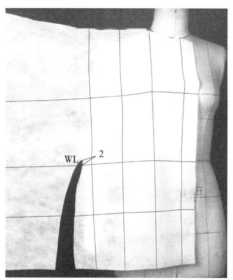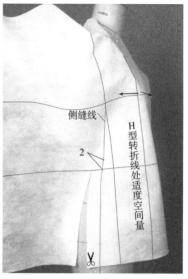

图5-15

（3）放下人台手臂，理顺坯样，围裹至手臂内侧，垂下袖面大褶约18cm，此褶以弧线造型往手臂前端倾斜折叠固定，固定之前要整理好袖型和褶量大小。袖臂内侧应留有足够的空间量以供塑造连身袖，固定、裁剪袖内侧缝线（图5-16）。

（4）向后抚平袖样，调整好正侧两面袖型和松量，袖中缝适度拉紧，固定造型，袖中缝线往前1cm标线。调整、确定各部位造型、裁剪、标线（图5-17）。

（5）折转前门襟贴边，完成前衣身裁剪（图5-18）。

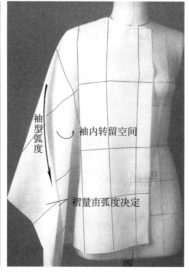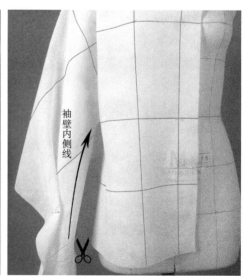

图5-16

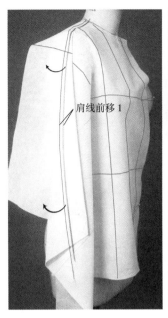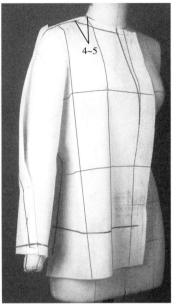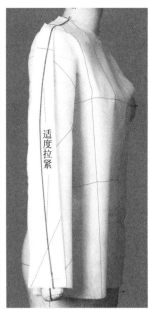

图 5-17

5.2.2 后衣身、组装

（1）后身坯样准备，背缝有撇势，固定后中（图5-19）。

（2）要把握好后衣身片背部与袖型的空间关系。裁剪后领口、肩缝，肩背部浮余量推向领口、肩缝处，重合肩缝。向下抚平坯样，在背宽线向下5cm处抓出一个三角造型，分别向背部、侧缝推平，衣摆贴合人台臀部，从下往上整理廓型与内袖缝，抚平坯布样，重合、裁剪内袖缝，注意保持三角造型结构稳定，形态转折分明、美观（图5-20）。

（3）后领口下落1cm标线，整理后袖中缝，归拢自然产生的松量，调整细节与不足。裁剪，重合袖中缝，内袖缝适度放松，抓合。袖口裁剪，标线（图5-21）。

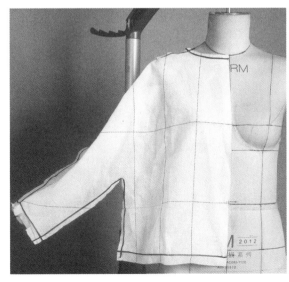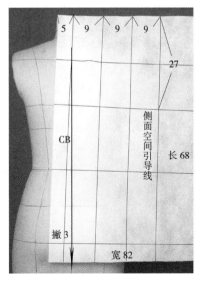

图 5-18 图 5-19

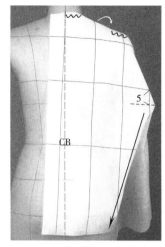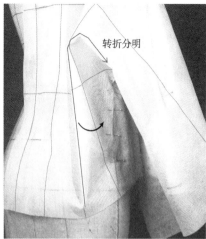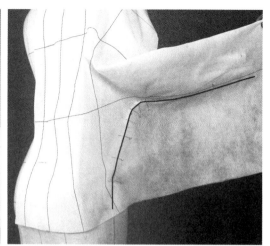

图 5-20

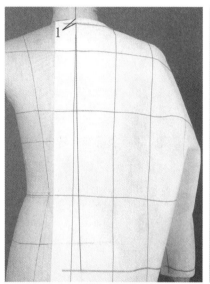

图 5-21

（4）坯样的平面整理（图5-22）。

（5）组装，试穿，确认造型（图5-23）。

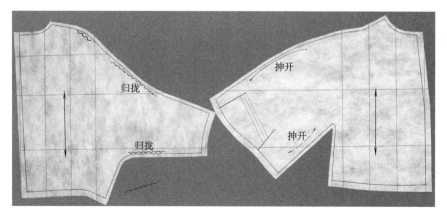

图 5-22

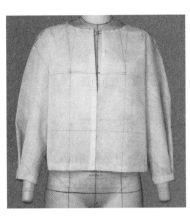

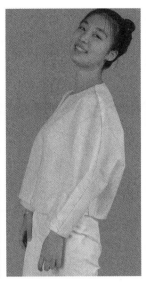
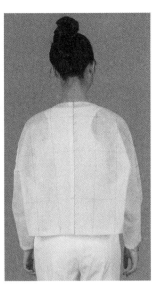

图5-23

5.3　肩章式连袖上衣

此款肩章袖的袖山线平滑流畅且立体。在袖口之上还有袖口。其实这都是表象，实际上是前后连片式连袖结构，运用活褶塑造廓型，形成假袖窿。裁剪简洁有法度，为直线状的整体设计增添趣味性，巧妙无比（图5-24）。

5.3.1　连袖

（1）人台标线，本款结构特殊，标线较多。就领子而言，前面为连身立领，后领也由此延伸出来。此结构的领口线要比基准领口线宽出1~2cm。标线由后往前，连同门襟一起标（图5-25）。

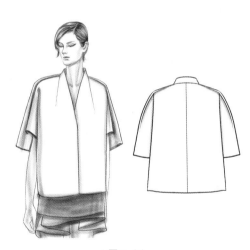

图5-24

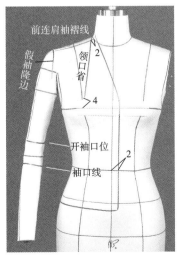
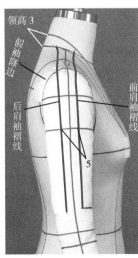

图5-25

（2）坯样准备，前后连片。固定前中，BL水平，抚平肩部坯样，浮余量推向领口处留待缝领口省，固定肩缝。将肩点S处的浪褶一分为二，一为衣身褶，垂直往下理顺布面，往里自然折进一个大活褶，胸宽处用针固定。二为衣袖褶，顺着手臂垂荡自如，上部要能被衣身褶覆盖，作为假装袖造型，在手臂中线处固定（图5-26）。

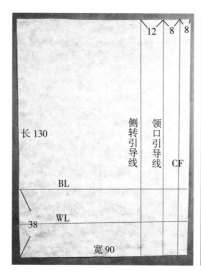

图5-26

（3）从S点起顺着假袖窿边将胸宽与手臂那一边的两个活褶叠合缝住10cm，从表面看起来像装袖造型。以肩缝线为基准，从肩颈点S'沿前肩袖褶线折2.5cm宽褶，覆盖于假袖窿之上，初步固定（图5-27）。

（4）抚平后肩部坯样，同样方法做出后肩袖褶，前后肩即合成"工"字褶（图5-28）。

（5）别合领口省至肩袖褶，后面部分留待立领裁剪。剪开前立领上口缝边，使脖颈处堆积的布料外缘松开，便于整理与裁剪造型。初步塑造后身廓型。使用与前身同样的方法做出后假袖窿边，裁剪、固定后领口（图5-29）。

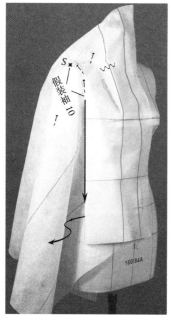
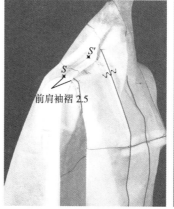

图5-27

（6）检查、调整好后身的结构平整度和转折面的箱型结构。裁剪、固定后中线（图5-30）。

（7）连身立领裁剪，上领口连同前门襟一起裁剪，在颈侧要留有适当的空间，以满足成品领子的厚度与脖子活动的需要。折光下口缝边，与后领口装合。上口连同门襟一起标线（图5-31）。

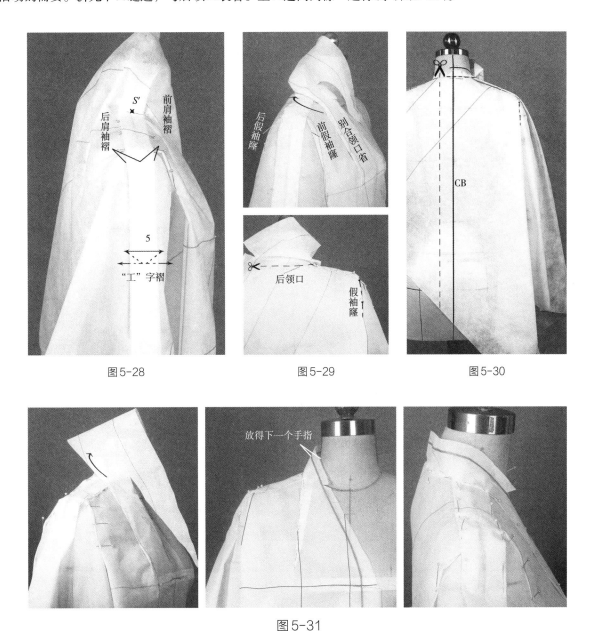

图5-28　　　　　　　图5-29　　　　　　　图5-30

图5-31

5.3.2　完成组装

（1）拉开人台手臂，标前衣片侧缝线，起点约在WL上，再标袖口线，注意袖臂与衣身肩点纵深空间量要足够，粗裁侧缝（图5-32）。

（2）翻开后衣片，理顺后侧面布样，在WL处固定一针，方便确定后侧缝的位置。侧缝抓合、裁剪，检查平整度，调整结构不足之处（图5-33）。

（3）标袖臂的开袖口线，止于前肩袖褶折线处，剪开，穿出手臂（图5-34）。

（4）原袖口前后两层整合到肘后部位，完成标线及裁剪。裁片整理（图5-35）。

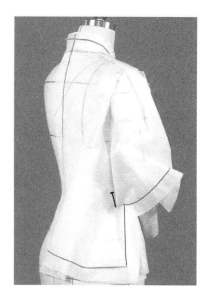

图 5-32   图 5-33

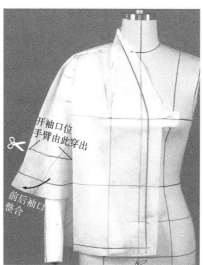
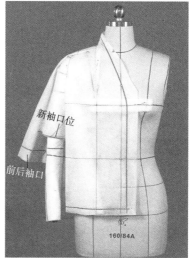

图 5-34

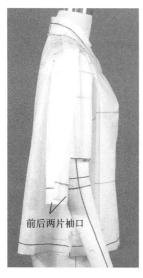
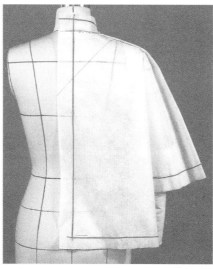
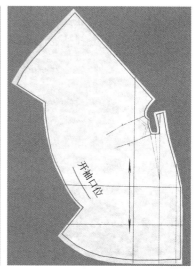

图 5-35

（5）组装，确认造型（图5-36）。

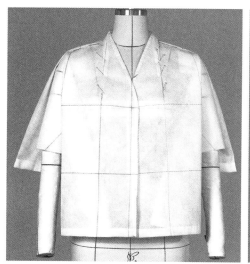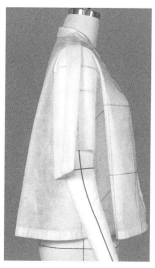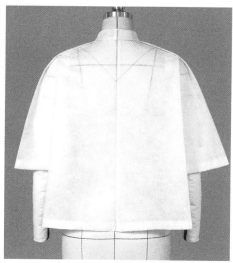

图5-36

5.4 拧结褶皱连袖毛衫的拓展

此款拧结褶皱连袖毛衫，整件只用一个裁片，结构简洁。造型特色在前胸，一个拧结褶皱连接左右，似扇贝形对称展开，又似翩翩蝴蝶展翅，给人诸多遐想（图5-37）。特将此设计拓展至立体裁剪。

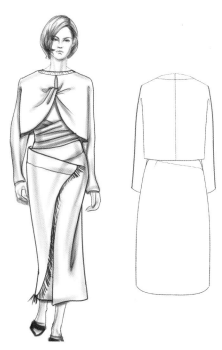

图5-37

5.4.1　一片式拧结褶皱连袖

（1）全片式坯样准备，先后将坯样竖、横对折，竖折为前中、后中，横折为袖中连折线（图5-38）。

（2）剪开前中，袖中线对准两侧肩线临时固定。粗裁前领口，前中分为三段：上、下段开衩，中段连折作拧褶。前中连拧绞两下后散开，左右对称摆放，折光前领口下的开衩毛边，抻开前领口，使领肩处平整，固定（图5-39）。

（3）摆顺袖样，固定袖中线。左侧前襟造型、裁剪，理顺胸侧与连袖转折面，缝边往内折别（图5-40）。

（4）右侧造型裁剪与左侧对称。整理后身与连袖廓型。袖子下部比较贴体（图5-41）。

（5）粗裁后领口，肩背部余褶整理为肩缝省，要往后移，使前面看不见肩缝。推足后身跻势，前内袖缝与

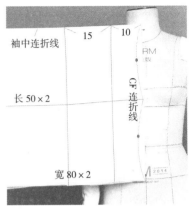

图5-38

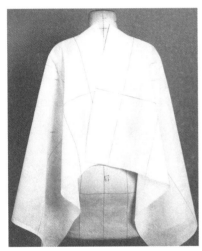
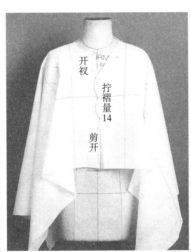

图5-39

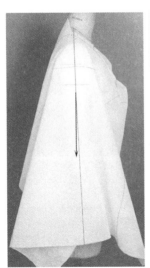

图5-40

前襟相连，在手臂内侧固定，裁剪、标线。抬起手臂，抓合内袖缝，后袖缝要适当归拢（图5-42）。

（6）领口、袖口、背中线与下摆标线、裁剪，摆边往内折别（图5-43）。

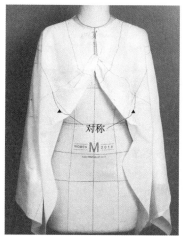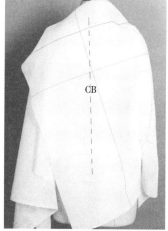

图5-41

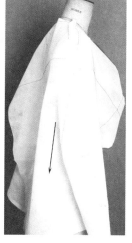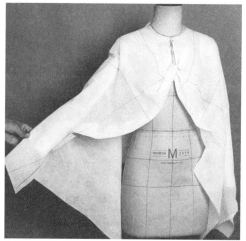

图5-42

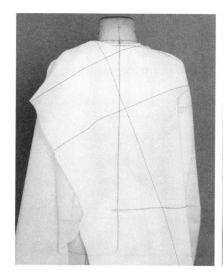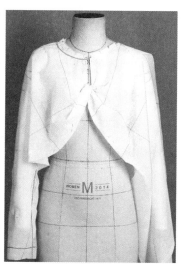

图5-43

5.4.2 立领组装

（1）立领坯样准备。引导线对准肩颈点装合（图5-44）。

（2）从肩颈点各向前、后两边裁剪，要使立领上、下口圆顺。此法适合造型比较平坦的立领。最后标线，确认造型（图5-45）。

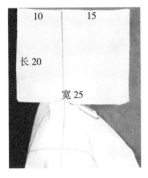

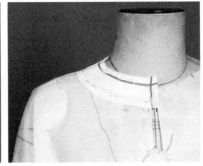

图5-44 图5-45

（3）裁片整理（图5-46）。下裙裁剪略。

（4）组装，确认造型（图5-47）。

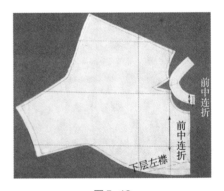

图5-46

图5-47

5.5 垂褶三面构成连袖上衣

连袖中的Newlook，多处亮点，耐人寻味：柔性而又修身的廓型，前身斜向交叠型门襟，腰部修身腰下扩摆，外加一个正统的西服领，向下拖曳的后衣身下摆则似连衣裙造型，前后长度差形成强烈对比。结构也颇有特色：前身、垂褶袖与后身为同一条胸围线（图5-48）。

图 5-48

5.5.1 衣身上部

（1）人台WL以上标示三面构成线。裁剪腋侧片，窿门放松量1cm。标线，衣身前后腋侧的分裂点A、B定位，由于前腋侧面较宽，下部坯样由侧往前转折（图5-49）。

（2）前后连片连袖的坯样准备，固定CF（图5-50）。

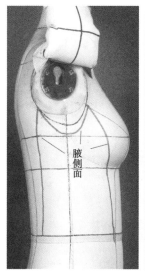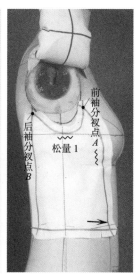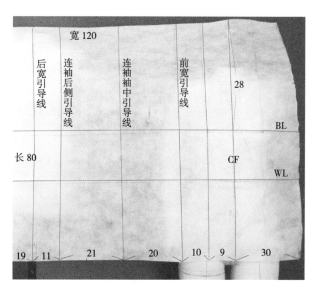

图 5-49   图 5-50

（3）留足下部的斜摆褶量，从下往上裁剪腋侧缝至 WL 引导线。在 BL、WL 各留 1cm 松量；再往上裁剪至分衩点 A，重合前腋侧缝。裁剪左侧 WL 以下斜门襟，与右侧对称。WL 以上傍依着右臂塑造胸侧转折面，固定。将连袖样围绕手臂提平，在前后侧引导线之间作垂褶造型（图 5-51）。

（4）固定前肩缝。垂褶在肘部以上呈堆叠状态，抻开前袖缝，后袖缝自然归拢，使垂褶定型（图 5-52）。

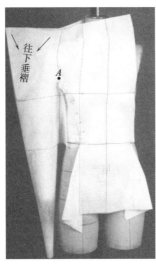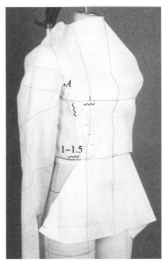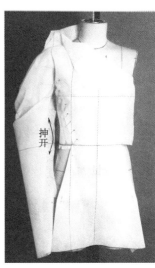

图 5-51　　　　　　　　　　　　　　　　　　　图 5-52

（5）后身腋侧缝与垂褶连袖裁剪同时进行，塑造转折面，胸部放松量为 2cm，腰放松量为 1cm。肩背部浮余量转向后领口与肩缝。固定后中，抓合肩缝，重合刀背缝。裁剪 A、B 以下下部袖山，结构与窿门对应，袖肥要适中，不能因为垂褶而增大。试装下部袖山，内袖缝裁剪、抓合，袖型自然前摆。袖口、后身腰围、后中、领口标线、裁剪（图 5-53）。

（6）抚平前胸坯样，前胸余褶捏缝领口省。裁剪肩缝、领口与驳头。对着 HL 标前下摆水平线、裁剪（图 5-54）。

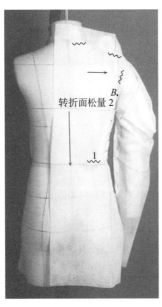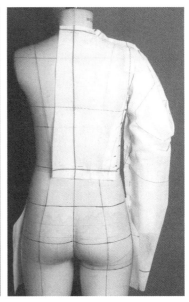

图 5-53

（7）调整、确认造型，放开A、B以下的袖样，重新整理、确定结构（图5-55）。

（8）毛装下部袖山，抓合内袖缝（图5-56）。

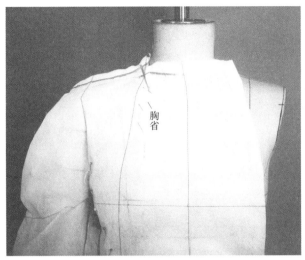

图5-54

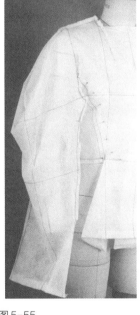
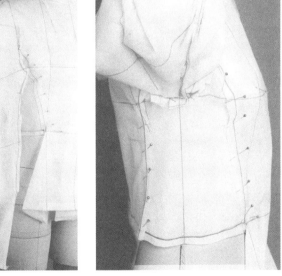

图5-55　　　　　　　　　　　　　　　图5-56

5.5.2　衣身下部和衣领组装

（1）下部造型前短后长，坯样准备。在WL前边叠过连袖片刀背缝5cm，下边与斜摆浪褶侧下端同高，里外两片合成斜摆浪褶造型。腰口线裁剪，在侧中处下垂坯样做小A摆造型，继续转往后身腋侧缝处下垂坯样做一个大波浪褶。在腰口处坯样的前、后都要稍加松量，使裙摆造型得以自然圆转（图5-57）。

（2）下部标线、裁剪（图5-58），上部西服领裁剪（略）。

（3）裁片整理（图5-59）。

（4）组装。砍短了后身下部的坯样着装后面也精彩（图5-60）。

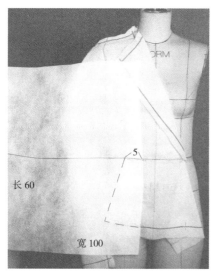

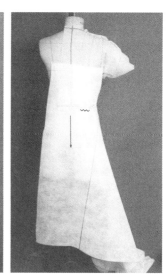

图 5-57

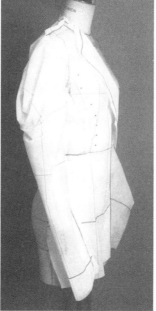
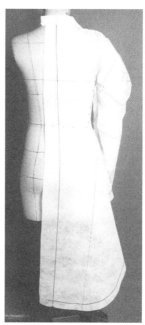

图 5-58

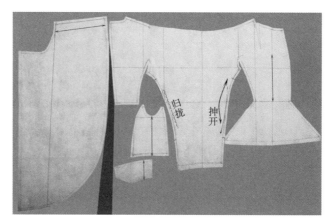

图 5-59

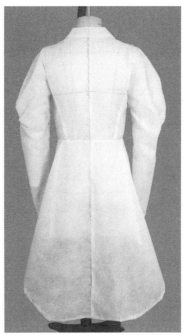

图 5-60

5.6 大褶连袖四面构成长外套

长外套上吸引眼球的大活褶，巧妙地将袖子与上部中心衣片连成一体，造就了园肩型的造型，好有气派。连帽衫、手套在上下相互映衬，形成冬日里别具一格的一道风景线，为寒冬中的你我送来阵阵暖意。

本款结构上部为四面构成连袖，下部为三面构成，由于应用了不同面料，整件造型颇似短上衣配皮裙套装（图 5-61）。

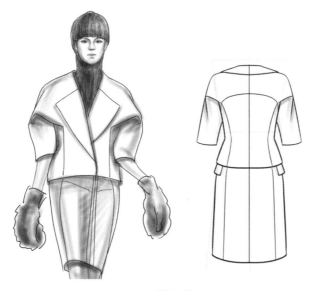

图 5-61

5.6.1　衣身上部、大褶连袖片

（1）人台标线。前后各有一个大褶，与上部中片相连（图5-62）。

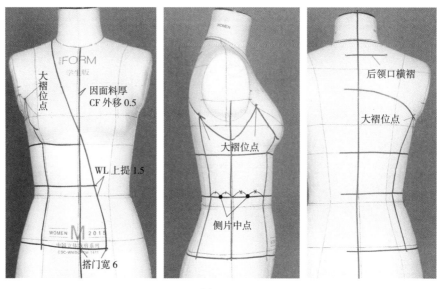

图5-62

（2）后衣身上部中片坯样准备，固定后中。沿刀背缝塑造好转折面空间，固定。标线，裁剪（图5-63）。

（3）后衣身上部侧片坯样准备，将坯样中心线与腰围线的交点对准人台上标的侧片中点，固定中心线，使之顺直（图5-64）。

（4）剪开侧片腰口毛边，塑造转折面，BL放松量为2cm，底边部放松量为1cm。裁剪刀背缝，WL以下缝边平行抓合，WL以上与中心片重合。各部位标线（图5-65）。

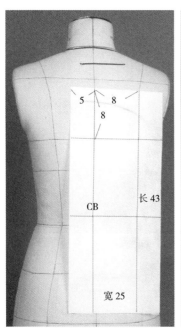
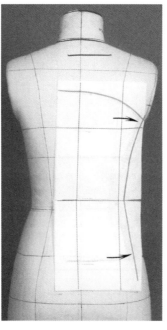
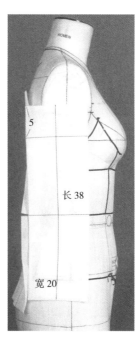
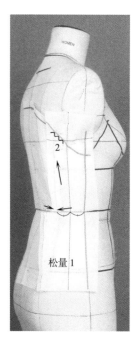

图5-63　　　　　　　　　　　　　　　　　　　　图5-64　　　图5-65

（5）前上部侧片坯样准备，别合方法同后侧片。剪开腰口毛边，平行抓合侧缝。在BL处有松量1cm。塑造转折面，刀背缝、袖窿裁剪，标线（图5-66）。

（6）连袖中心片坯样准备，本片是将袖子与前身上部中心片、后育克相连，事先要测量好肩颈点SNP至BL的高度，画上坯样，在刀背缝转角上斜向臂侧折一个大褶，固定前中（图5-67）。

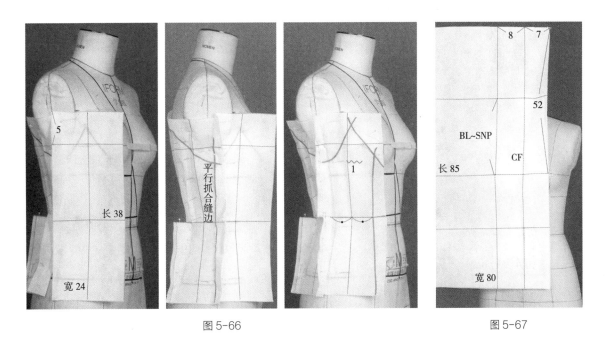

图5-66　　　　　　　　　　　　　图5-67

（7）衣身塑型，从下往上，推出转折面。使底边部放松量3cm，在BL放松量1cm，裁剪刀背缝，剪开刀背缝转角的缝边，以便连袖折褶。重合刀背缝。粗裁前领口，抚平领肩部位，浮余量推往后身（图5-68）。

（8）粗裁后领口。背侧的浮余褶向背中转移，折叠为领口横褶，背部育克缝裁剪、重合（图5-69）。

（9）在手臂上摆平坯样。对准前后衣身连袖褶位点，各将余褶折一大斜褶，褶线暂时朝上折倒，位置要基本前后对称（图5-70）。

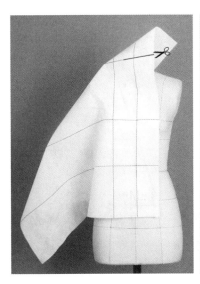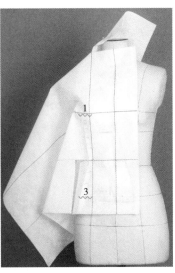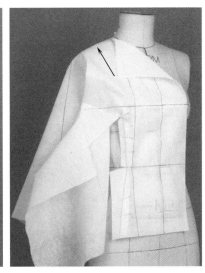

图5-68

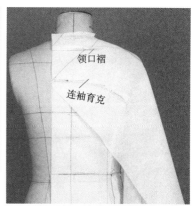

领口褶

连袖育克

图5-69

袖型初成

前后都对准大褶位点折褶

图5-70

（10）拉平大斜褶，将前窿门、后窿门线描在连袖布上，再画上与此对称的下部袖山虚线。粗裁前后连袖下部袖山与内袖缝。确定袖山线高度的前提是内袖底线缝合后袖子的结构平衡，因此内袖底线缝需要试缝，调整，直至确定无误（图5-71）。

（11）放平连袖样，观察大褶与下部袖山结构（图5-72）。

（12）大褶都改向朝下折倒（图5-73）。

（13）前后下部袖山与对应窿门重合（图5-74）。

（14）内袖缝标线、抓合。下部缝边，袖口标线（图5-75）。

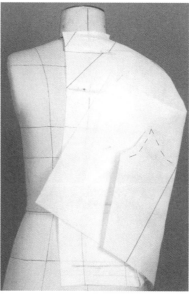

描拷袖窿

粗裁袖山

图5-71

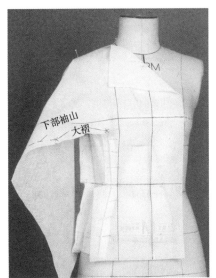

下部袖山

大褶

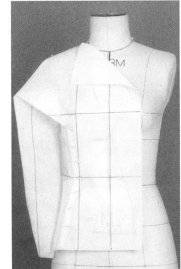

图 5-72

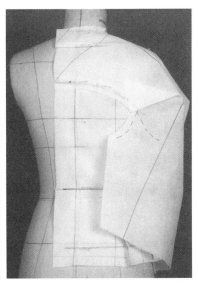

图 5-73

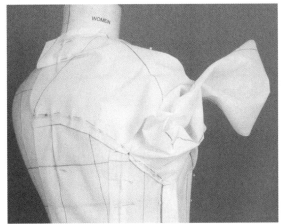

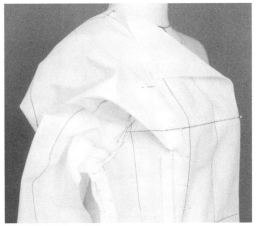

图 5-74

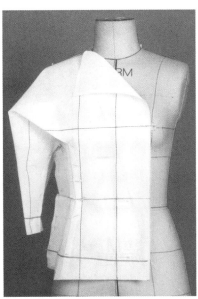

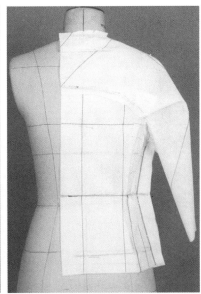

图 5-75

5.6.2 下裙、组装

（1）下半身裙样为小A型三面结构。前身下部坯样准备，固定前中。将平坯样，上口裁剪、重合。侧缝标线，要与上身刀背缝对接（图5-76）。

（2）后身下部坯样尺寸同前。顺着臀突折转坯样，塑造小A型，在臀部产生自然的空间量，裁剪法同前身（图5-77）。

（3）腋侧片下部坯样准备，固定侧中线，造型要转折分明。上口裁剪，重合，放松量0.5cm，腋侧片缝边分别与前片、后片抓合，在HL以下是平行抓合（图5-78）。

（4）领口、驳头标线，裁剪（图5-79）。

（5）坯样的平面整理（图5-80）。

（6）组装。完成连衣裙式外套造型（图5-81）。

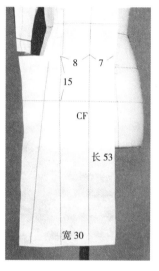
图5-76

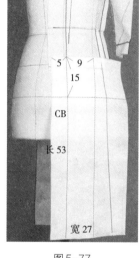
图5-77

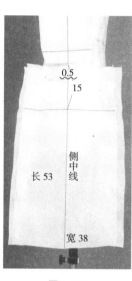
图5-78

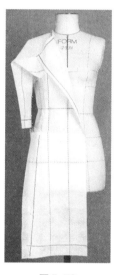
图5-79

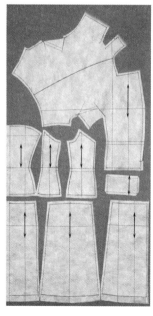
图5-80

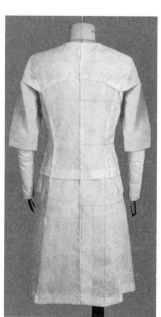
图5-81

5.7 连袖大衣

被誉为"我们这个时代最伟大的服装创造家"三宅一生设计的一款宽松型的连袖连领大衣,材料与造型的对比,潇洒活泼,跃动而不失端庄,连袖过肩的巧妙应用,使前后衣身各自放开造型,连袖固有的腋部皱褶被化成缕缕纵向浪褶,形成造型丰富的变化,这就是大师之作(图5-82)。

图5-82

5.7.1 过肩、后连袖衣身

(1)人台准备。装手臂与圆垫肩,标线。一个过肩式育克,大大拓展了连袖的造型空间(图5-83)。

(2)连袖过肩坯样准备,坯样中线比手臂中线、肩缝前移1cm,固定(图5-84)。

(3)裁剪,标线。在后面标记波浪力点(图5-85)。

(4)前衣身过肩在肩颈点S处让过2cm(图5-86)。

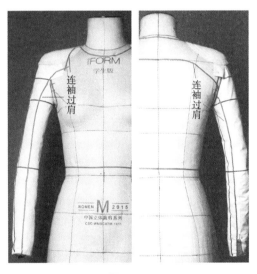

图5-83

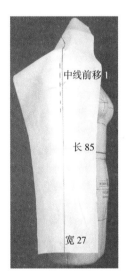

图5-84

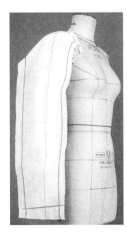

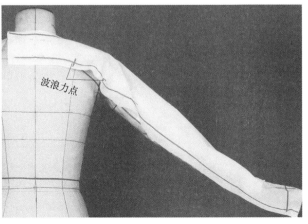

图5-85

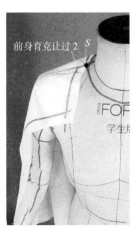

图5-86

（5）整个后衣身连袖坯样准备，固定后中，上段裁剪，先后剪开两个波浪力点处缝边，放出波浪褶。将坯样搁于手臂上，斜抬至所需角度，裁剪上部缝边，适度放松，与过肩重合（图5-87）。

（6）粗裁后衣身内侧连袖缝。从前面观察后面连衣袖与过肩的造型效果（图5-88）。

5.7.2　前衣身、领袖组装

（1）前衣身连袖坯样准备，固定前中（图5-89）。

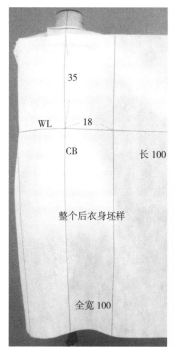
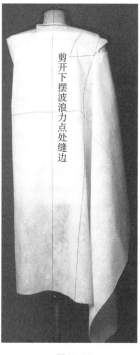
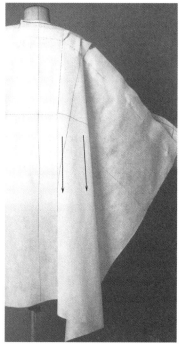

图5-87

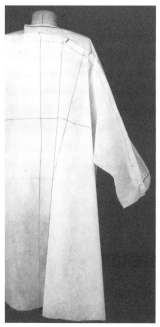

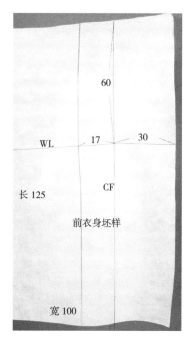

图5-88　　　　　　　　　　　　图5-89

（2）上部对准肩颈点，斜向剪开坯样，再绕向颈后，以作为连身驳领的后面部分。裁剪肩头部分，展开下摆波浪褶，并将前襟推出浪势。将手臂斜抬至所需角度，裁剪连袖上部缝边，与过肩重合，中段袖缝要抻开，使袖子往前摆（图5-90）。

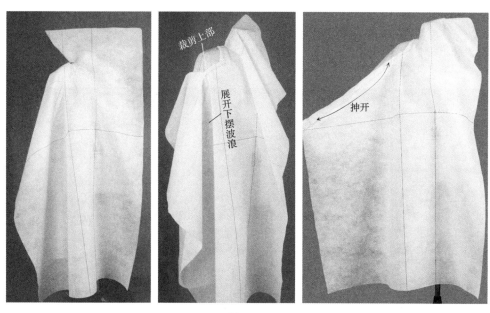

图5-90

（3）在颈侧裁剪、翻折，整理领样，同时前身下摆形成第二个波浪褶，与连驳领一起做前门襟的浪褶造型，增长前门襟（图5-91）。

（4）翻折、裁剪后身驳领，与后领口装合（图5-92）。

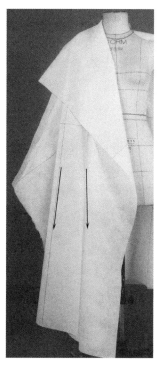

图5-91

图5-92

（5）后衣身内侧连袖缝，下摆裁剪，标线。整理前内侧连袖缝，抓合、裁剪，前衣身连袖缝中段要抻开，后连袖缝自然归拢。前下摆裁剪，各部位标线（图5-93）。

（6）在平面上整理坯样，拷贝左侧坯样，整件拼合后，覆在人台上，为左襟开领口，修正门襟余料（图5-94）。

（7）左侧立翻领坯样准备。在后中与右领对接，往左前方缝装，翻折领子，完成整件造型（图5-95）。

（8）坯样的平面整理（图5-96）。

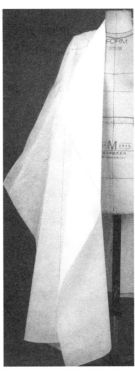

图5-93

图5-94

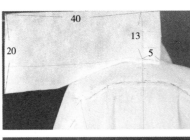

图5-95

（9）组装，试衣，确认效果（图5-97）。

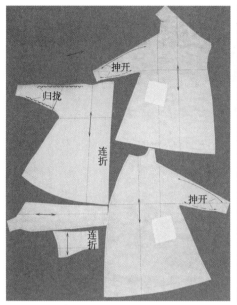

图5-96

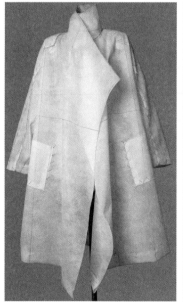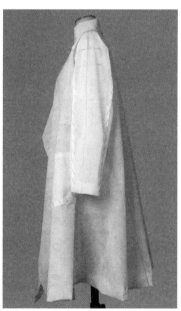

图5-97

思考与技能训练

三面构成连袖衫

（1）适度的三维曲线之美，两道活褶与斜襟领口形成三重美妙的韵律是那么拨动人心，丰富的内涵让我们细细品味。平整的连袖造型值得我们好好学习（图5-98）。

（2）人台标线。上下分段，新WL上提1cm。三面构成，腋侧片与袖窿交点A、B为连袖开叉点。前身两个活褶（图5-99）。

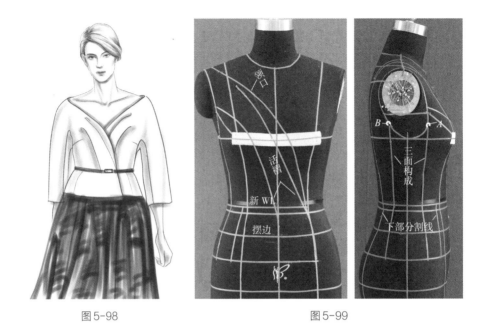

| 图5-98 | 图5-99 |

（3）前衣片坯样准备。固定前中，抚平正面，折第一个褶，褶尾直达领口上方，缝边剪一开口。折第二个褶，褶量大一些，体现出正侧转折。使胸侧有1.5cm松量，腰口上有松量1cm。固定腋侧缝。裁剪腋侧缝线至A，在背景布上标60°，将连袖侧向抬举60°，粗裁连袖缝，各部位标线（图5-100）。

（4）后衣片坯样准备同前衣片。后中线在WL处撇进1.5cm。后领口裁剪，在背宽至领口保持自然平顺状态，背宽要放松些。对着公主线捏缝腰省（约2cm），整理后侧转折面，使胸围松量为2cm，腰口上松量为1cm。固定腋侧缝。将连袖侧向抬举至45°，裁剪后腋侧缝至腋下连袖分开叉点B（图5-101）。

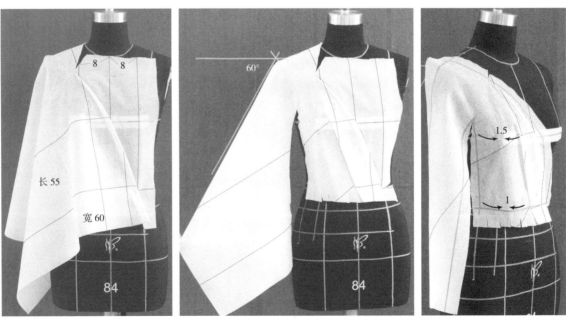

图5-100

（5）后衣片各部位标线、粗裁。盖合袖中线，要抻开前袖，归拢后袖缝1.5~2cm，使袖子前撇（图5-102）。

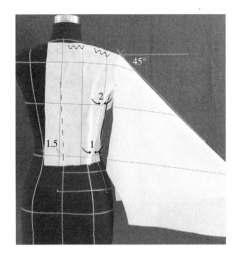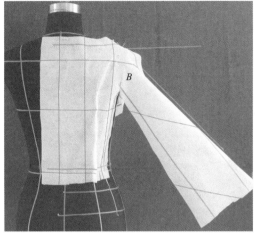

图5-101 　　　　　　　　　　　　　　　　　图5-102

（6）腋侧片裁剪，连袖向上掀起，露出三面构成的腋侧片部分。坯样准备，固定中线，在BL、WL处各捏松量1cm。裁剪、盖合两侧腋侧缝。窿门裁剪，上下标线（图5-103）。

（7）与腋侧片相连接的内袖片坯样准备，覆附在腋侧片上，裁剪内袖片袖山弧线，袖山弯度比窿门要放大些，以利抬臂，袖山与窿门别合。将内袖片两侧抻开、与前后连袖片缝重合，形成连袖袖筒，袖形平整，向前撇（图5-104）。

（8）连袖衫下部裁剪，也分三面造型。前衣身、后衣身各分中、侧两片，连同腋侧共五片。利用分片扩展摆型，摆型要求空间适度，不得过小或过大起浪。扩摆总量6~8cm。盖合上口时在转折面要稍放松量，使接缝饱满，摆边圆转得体（图5-105）。

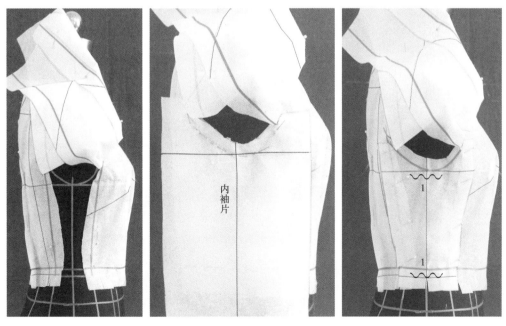

图5-103

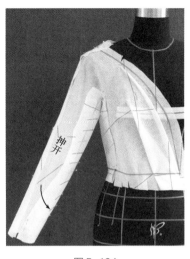
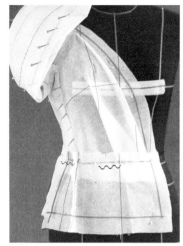

图 5-104   图 5-105

（9）坯样的平面整理（图 5-106）。

（10）组装，确认连袖衫整体造型（图 5-107）。

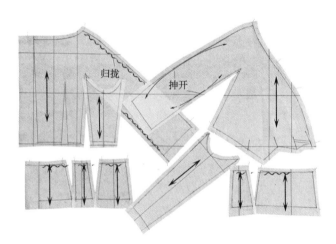

图 5-106

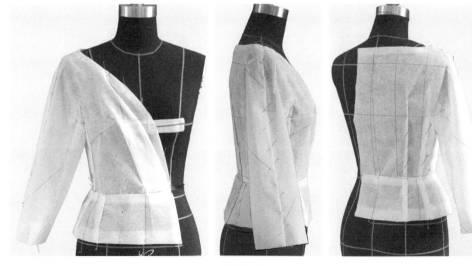

图 5-107

6 连衣裙和晚装

连衣裙·晚装，富含文化底蕴，是立体裁剪中最大的一个品类，从下里巴人至阳春白雪，从日常生活、街头时尚至婚庆礼仪、高定（高级定制）或高级成衣等，连衣裙都展现女性的独树一帜。晚装是连衣裙的标杆，其他服饰不可替代，造型体现立体裁剪的特色。

连衣裙、晚装上下一体，设计空间之大，能让设计师纵横捭阖，大展手笔。调动古今中外的各种装饰手段，来直观地展现、衬托美丽的形态。本章每一款都是一种形态美的塑造，从多方面、多角度展现立体裁剪特色。

6.1 荷叶褶连衣裙

此两款材料不同，其造型效果给人的感觉也不同，但都是皱褶造就的美。人台款衣身采用了原型与立体裁剪相结合的方法。目的是运用立体裁剪检验原型裁剪的正确性，对于人台结构做出判断，探索三者之间的共同本质与匹配程度，实践证明三者是相匹配的（图6-1）。

图6-1

6.1.1 前后衣身

（1）整个前衣片坯样准备，将原型裁剪图画在坯样上，胸省分作一个袖窿省和一个扩摆。塑造小A廓型（图6-2）。

（2）展开坯样，裁剪原型领口，固定前中，观察与人台颈围的吻合程度。按原型裁剪图塑造小A廓型，捏缝袖窿胸省。各部位都按原型裁剪、标线。确认效果符合设计要求（图6-3）。

（3）整个后衣片坯样准备同前衣身。原型肩省分向三处转移，扩摆塑造小A廓型（图6-4）。

（4）展开坯样，固定后中。裁剪方法同前身。重合侧缝，标示褶位起点线（图6-5）。

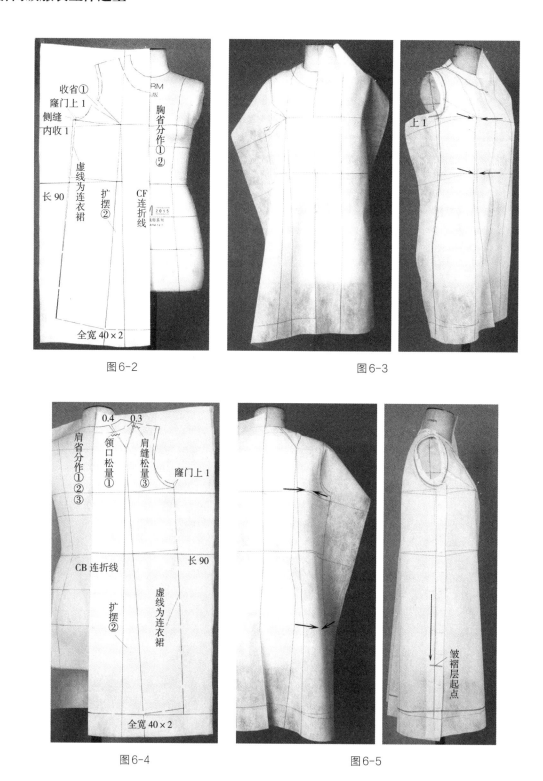

图6-2

图6-3

图6-4

图6-5

6.1.2　褶皱层、组装

（1）标褶位线，从前中与领口的交点起至肩缝标三个褶位点，在后领口标2个褶位点。褶位间距相等，排放均匀（图6-6）。

（2）褶皱层坯样准备，覆于前衣片之上，引导线对准下层前衣片的前中。纱向保持与下层衣片一致，盖过褶位点一个缝边的量（图6-7）。

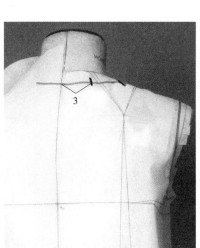
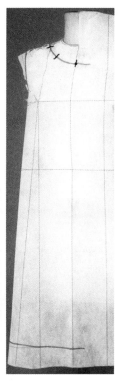
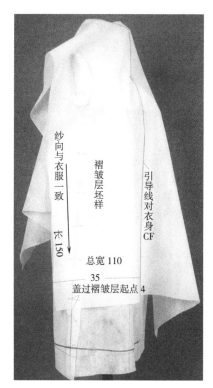

图6-6　　　　　　　　　　　　　　　　　　图6-7

（3）裁剪褶皱层侧缝、袖窿、右前领口。将领口浮余量（胸省）散开，转移至下部扩摆。分析判断各个褶的褶量、方向。在第一个褶位点折褶①、褶②、褶③：褶①垂直向下，褶②、褶③逐渐斜向旁侧（图6-8）。

（4）对准前领口第二、三褶位线折褶④、褶⑤：褶④与领口垂直，褶⑤对准肩缝。对准后领口、褶位线斜后折褶⑥、褶⑦（图6-9）。

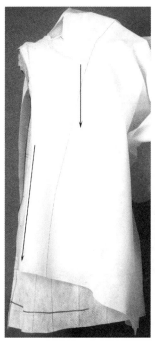

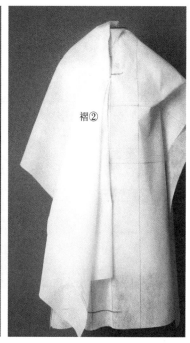

图6-8

（5）完成褶下边，标线，裁剪（图6-10）。

（6）坯样的平面整理（图6-11）。

（7）组装，确认造型（图6-12）。

图6-9

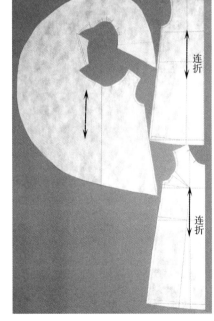

图6-10   图6-11

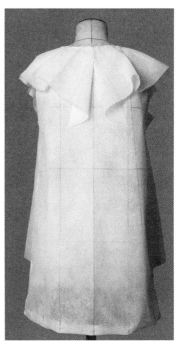

图6-12

6.2　大海军领连衣裙

　　此款连衣裙后身是超短波浪裙与超长海军领的对比，像是大海与蓝天在对比。前身高高的波浪褶衬托起大平翻领，同色不同质的蓝色、有节奏的明暗对比，如同波涛重叠，托起深邃的夜空，给人无限的遐想（图6-13）。

图6-13

6.2.1 前衣身

（1）人台标线，标领口、袖窿、育克刀背缝，在刀背缝上设置前、后各两个波浪力点线。在裁剪中要依靠这些力点抻拉起下方的波浪造型（图6-14）。

（2）前育克坯样准备，固定前中。从下部往上，由侧缝往前中塑造转折面，浮余量转往领口，整理为领口省。各部固定、裁剪、标线（图6-15）。

（3）前裙片坯样准备，固定前中（图6-16）。

（4）由前襟向侧面裁剪刀背缝，至第一个力点处，抻开力点，下垂坯样做浪褶①，按浪褶①的方法裁剪浪褶②，再由此向上完成刀背缝裁剪与缝边重合（图6-17）。

（5）裁剪袖窿，整理侧缝，展现出高腰扩摆的造型特色。下摆、侧缝裁剪，标线（图6-18）。

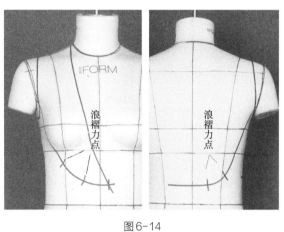
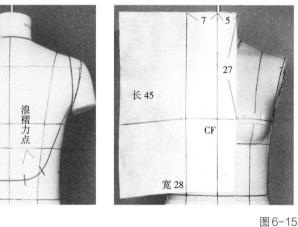

图6-14　　　　　　　　　　图6-15

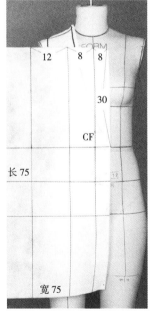

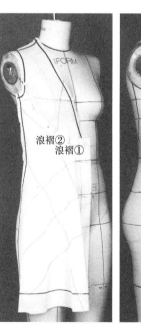

图6-16　　　　图6-17　　　　图6-18

6.2.2 后衣身、大海军领、组装

（1）后育克坯样准备，背中线从背宽线往下至底部撇进1.5 cm并固定。裁剪后领口、袖窿、刀背缝，肩背部余褶推向后领口与肩缝。塑造转折面，在刀背缝下部生成1cm松量，BL生成1.5cm松量（图6-19）。

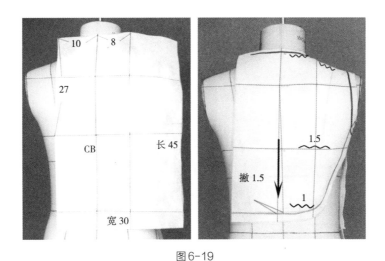

图6-19

（2）后裙片坯样准备，固定后中（图6-20）。

（3）裁剪刀背缝与浪褶③、浪褶④，方法同前片。从侧面观察，浪褶④的大小、位置与浪褶②要基本对称（图6-21）。

（4）侧缝裁剪，重合。袖窿、下摆裁剪，标线。组装衣身（图6-22）。

（5）大海军领坯样准备。领样后身长至臀下，前长抵达腰部（图6-23）。

（6）从后中心开始，折别领座高（n）1.5cm，这一高度要保持到颈侧，顺至下面装领点逐渐消失，将领样

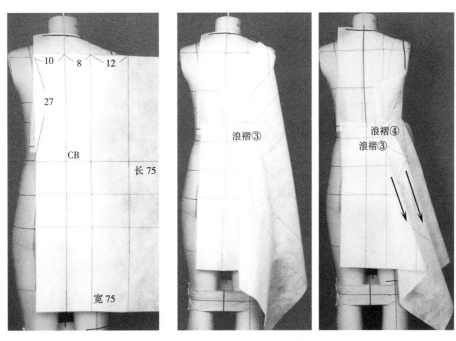

图6-20   图6-21

推抚理顺，由后往前沿领口线裁剪、缝装领样，固定领座。再剪开领下口毛缝，使之服帖，标领外口造型线。在裙样上标同色系列的分片线（图6-24）。

（7）坯样的平面整理（图6-25）。

（8）组装，确认造型（图6-26）。

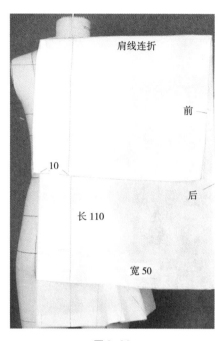

图6-22　　　　　　　　　　　　　　　　　　　　　　　图6-23

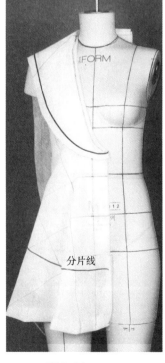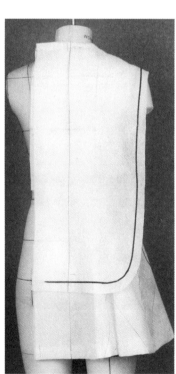

图6-24

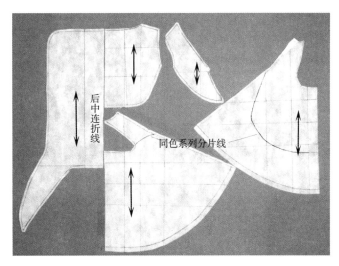

图6-25

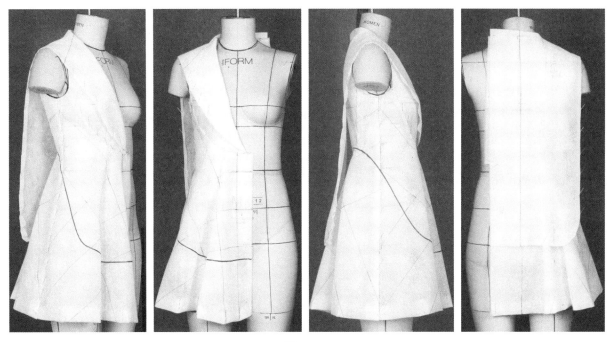

图6-26

6.3　高定围裹式冬款连衣裙

　　要论细腰贴体扩摆造型，精致高超的立体裁剪设计技术，非迪奥莫属。而迪奥的本款设计却是就着一块大布围裹成型，让我们领略了艺术夸张与技术规范之间的协调技巧以及这个高级品牌与时俱进而又别样的超常之处（图6-27）。

图6-27

6.3.1 一块布连肩围裹造型

（1）坯样准备。在肩部前后相连，剪开后领口处前后连折线，将坯样翻至前身，固定后中与颈侧点。后领口裁剪、标线（图6-28）。

（2）前身裁剪。按纵向结构往外翻折坯样为前门襟，呈倾斜状态，在WL处确定搭门宽5cm，驳头标线、裁剪（图6-29）。

（3）后衣身坯样摆放自然，固定肩部（图6-30）。

（4）从前肩内侧往下折第一个腰褶，初步摆平前身。从肩外侧往下折第二个腰褶，叠加于第一个褶上面（图6-31）。

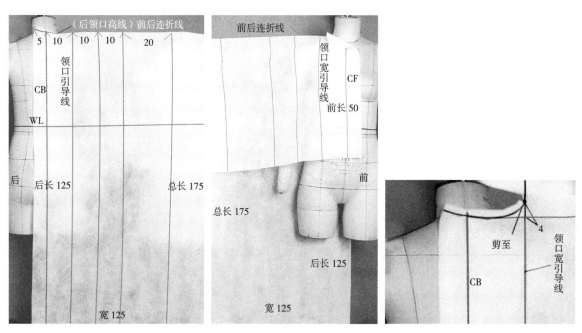

图6-28

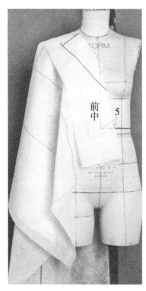 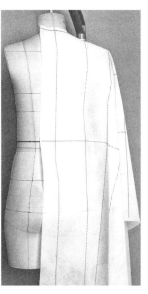 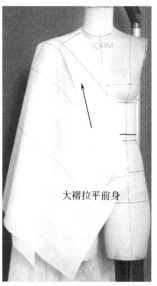 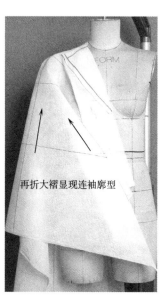

图6-29   图6-30   图6-31

（5）裁剪前衣身下部毛边造型，由前往后逐渐往下倾斜。向上反折毛边，以便裁剪下部坯样（图6-32）。

（6）在后侧剪一开衩作为后袖衩，披风型大袖口完成（图6-33）。

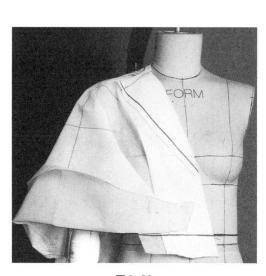

图6-32　　　　　　　　　　　　　图6-33

6.3.2　整体裁剪造型、组装

（1）前衣身下部坯样准备。与上部重合，折转门襟贴边，固定前中（图6-34）。

（2）下部坯样折一大褶，与上部第一个褶对接裁剪。将后身位于袖衩下的下垂布头在袖下方斜围过来，搭过大褶，收腰打褶造型，下部形成开放式的大裙摆。驳领裁剪略。各部位标线、裁剪（图6-35）。

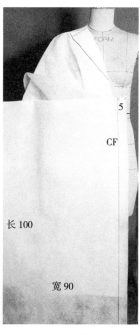

图6-34　　　　　　　　　　　　　图6-35

（3）侧面这段腰口被大袖口掩盖，掀开大袖口，是一个悬空的结构。从前、后半侧面观察袖及衣身形态（图6-36）。

（4）坯样的平面整理（图6-37）。

（5）后身与袖口散开的状态（图6-38）。

（6）组装，束上腰带试样，确认造型（图6-39）。

图6-36

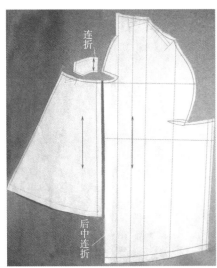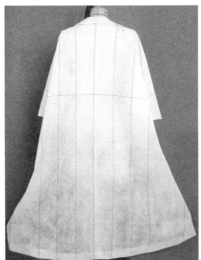

图6-37　　　　　　　　　　　　　　　　　图6-38

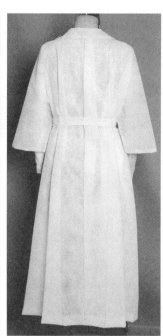

图 6-39

6.4 星光灿烂高定晚装

敞领低垂，细腰高束。褶皱型的披肩领连着高腰，巧妙交织成一个菱形，在下面宽曳落地的大摆围烘托下，星光灿烂，光芒四射，设计简洁而不简单（图 6-40）。

图 6-40

6.4.1 上部衣身

（1）人台标线。上部前衣身整个坯样准备，剪开敞领口处中线，固定前中，将缝边抻紧领口（图6-41）。

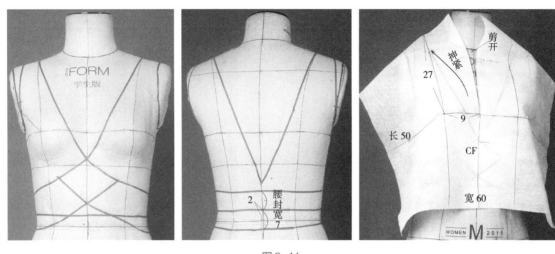

图6-41

（2）敞领口裁剪，抻紧领口，目的是在穿着时贴体，敞领口不移位。肩缝、袖窿裁剪。要理顺坯样，胸、腰各留1cm松量，将浮余量捏缝为胸省、腰省，侧缝标线、裁剪。完成左侧的裁剪拷贝与腰部标线（图6-42）。

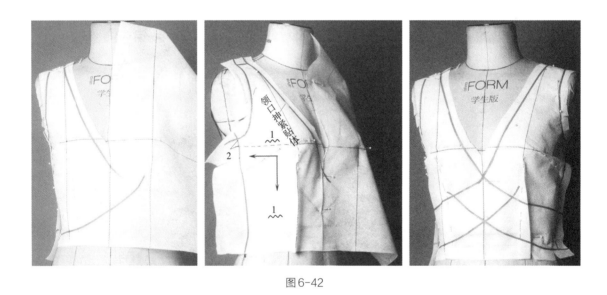

图6-42

（3）上部后衣身片坯样准备，固定后中。裁剪敞领口，要理顺结构。工艺制作中要贴隐形带拉住领口。塑造背部转折面。后肩缝、袖窿、侧缝裁剪，重合肩缝、侧缝（图6-43）。

（4）捏缝腰省，腰部留1cm松量。各部位标线，裁剪缝边（图6-44）。

（5）衣身组装，用大头针别合肩缝、侧缝、省缝，针尖不外露，以方便覆在上层的披肩领裁剪（图6-45）。

6.4.2 披肩领连腰封及下裙组装

（1）后披肩领坯样准备。从下领口夹角往上，一边裁剪，一边抻出领口座势缝装，使领口不外露，至上端时要形成1cm的座势。肩缝抽褶裁剪，褶量为7cm×2。肩缝、领外口裁剪，标线（图6-46）。

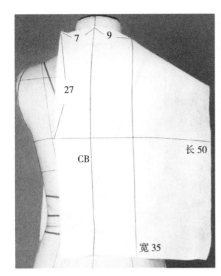
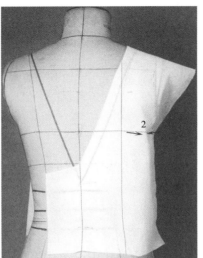

图6-43

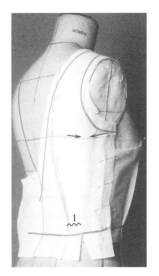

图6-44

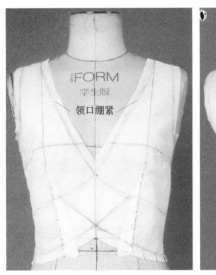
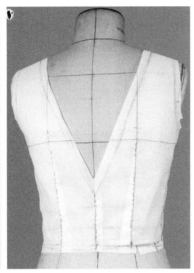

图6-45

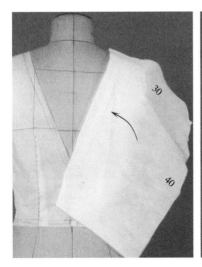
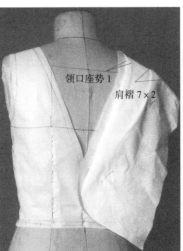
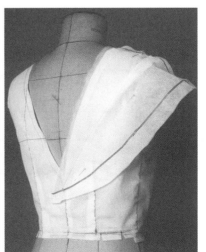

图6-46

（2）前披肩领连腰封坯样准备。上下不同宽，将坯样中间豁口对准领口中心夹角剪开，上口于肩部抽缝细褶，缝装裁剪方法同后领，重合肩缝。领口以下顺延至左侧作为连腰裁剪，在前中央标菱形线（图6-47）。

（3）菱形右侧的连腰另行配料裁剪。在侧缝配料裁剪后腰带（图6-48）。

（4）组装，确认上部造型（图6-49）。

（5）下身裙整件坯样准备，130cm×360cm，水平覆盖菱形下部中点一个缝边，折小褶缝装裁剪（图6-50）。

（6）坯样输入CAD，衣身上部主要部件板型展示（图6-51）。

（7）组装下裙，确认造型（图6-52）。

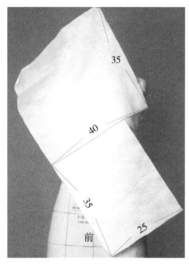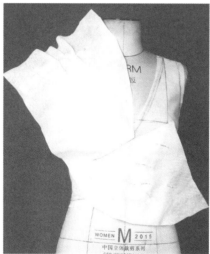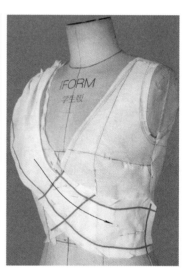

图6-47

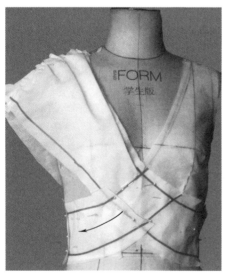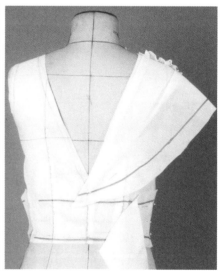

图6-48

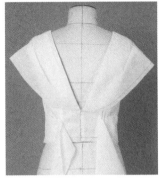

图6-49

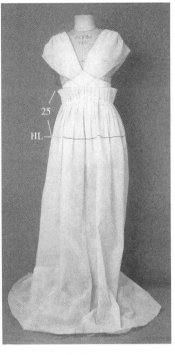

图6-50

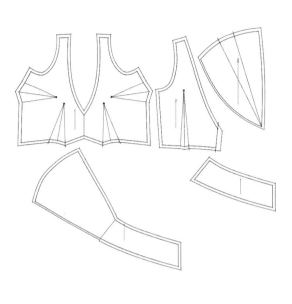

图6-51

图6-52

6.5 蕾丝高定晚装

前短后长的披肩搭配别具一格的前高后低层叠式浪褶造型，缀上美丽的花朵，分外动人。仿佛攀登在盘旋而上的山林小道上，欣赏着百花盛开的美景（图6-53）。

图6-53

6.5.1 衣身上部内层

（1）人台准备。为方便造型，可加长人台下部，用绷带连接两BP点，以方便操作、标线（图6-54）。

（2）前身上部内层裁剪。整个坯样准备，固定前中。领口、肩缝裁剪并固定，坯样向侧面转折，抚平结构，裁剪袖窿。前身浮余量在高腰部位留1cm作为松量，其余推往腋下捏省。固定侧缝。各部位裁剪、标线（图6-55）。

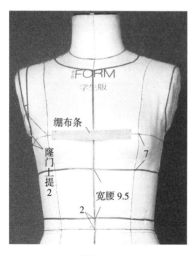

图6-54

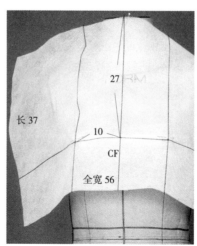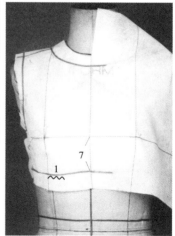

图6-55

（3）后衣身上部内层裁剪，整个坯样准备，固定后中（图6-56）。

（4）塑造背侧转折面，保持BL水平，将肩背部余褶推向后领口与肩缝。领口、肩缝裁剪，重合肩缝。裁剪袖窿，重合侧缝（图6-57）。

（5）高腰留1cm松量，捏缝腰省。各部位标线、裁剪（图6-58）。

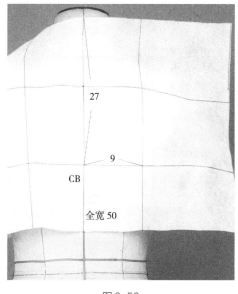 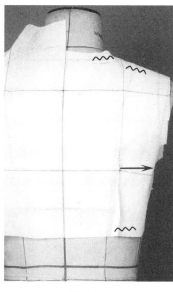 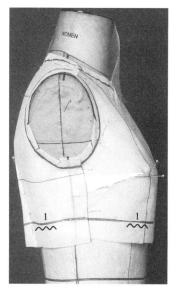

图6-56　　　　　　　　　图6-57　　　　　　　　　图6-58

（6）前高腰头裁剪，整个坯样准备，17cm×50。下部横向引导线对准腰头下口线，固定前中。抚平坯样转向侧面，塑造高腰转折面，下口不放松量。裁剪、重合高腰头上口线。下口、侧缝标线（图6-59）。

（7）后腰头裁剪，整个坯样准备裁剪方法同前片。重合侧缝，各部位标线（图6-60）。

（8）组装，用大头针直缝，针尖不要外露，以便外层操作（图6-61）。

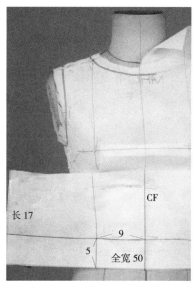 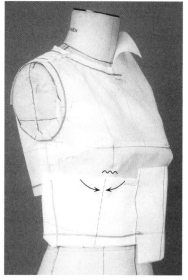

图6-59

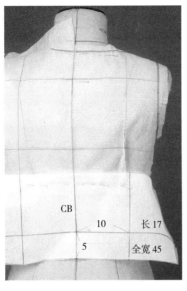

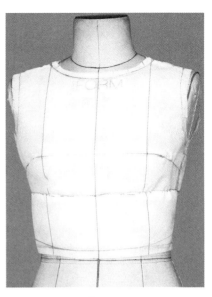

图6-60　　　　　　　　　　　　　　　　　　　图6-61

6.5.2　上部外层浪褶造型、下身裙、组装

（1）前衣身上部外层裁剪，全片坯样准备（图6-62）。

（2）剪开领肩部位，横向引导线对准肩缝，固定前中。前衣身裁剪四个浪褶：在裁剪前领口的同时抻拉三个褶：褶①对前中，褶③对肩颈点，褶②在领口中间。裁剪肩缝，在肩端点抻拉褶④，每个浪褶裁剪如同褶①，即向上提拉、抻开，四个褶量逐步增加（图6-63）。

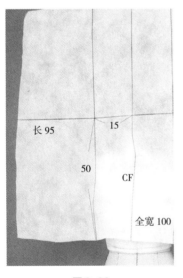

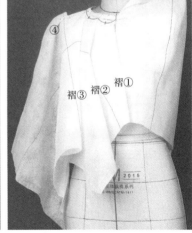

图6-62　　　　　　　　　　　　　　　　　　图6-63

（3）裁剪袖窿，抻拉、裁剪侧褶⑤，因位于臂下，褶量不宜大，至此将180°的半边坯样用完。裁剪侧缝，各部位标线（图6-64）。

（4）后衣身上部外层裁剪，整个坯样准备。剪开领肩部位，横向引导线对准后领口中点，固定后中（图6-65）。

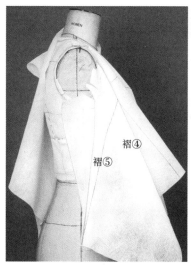

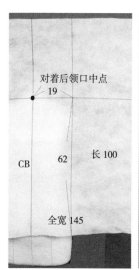

图 6-64　　　　　　　　　　　　　　　　　　　　　图 6-65

（5）后衣身裁剪四个浪褶，四个褶量逐步增加，都大于前身褶。裁剪后领口，同时抻拉两个褶：褶⑥在后领口中间，褶⑦对肩颈点。裁剪肩缝的同时抻拉两个褶：褶⑧在肩缝中部，褶⑨在肩端（图6-66）。

（6）重合肩缝，裁剪袖窿。重合、裁剪侧缝。各部位标线，九个浪褶呈现前短后长的风貌（图6-67）。

（7）清剪缝边。组装，完成上部造型（图6-68）。

（8）下身裙装裁剪，前裙片坯样准备，折转门襟，固定前中（图6-69）。

（9）保持HL水平，坯样转向侧面，造型为贴体直筒型，转折面空间1～1.5cm。将腰部浮余量推向CF，斜折为一个大腰褶，固定侧缝。各部位标线，裁剪（图6-70）。

（10）后身裙整个坯样准备。固定后中，直筒造型，由于前后体型的差异，转折面空间量小于前身（0.5～1cm），腰部浮余量折为两个活褶。固定，抓合侧缝，在HL以下的缝边要平行抓合（图6-71）。

图 6-66　　　　　　　　　　　　　　　　　　　　　图 6-67

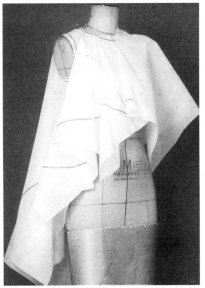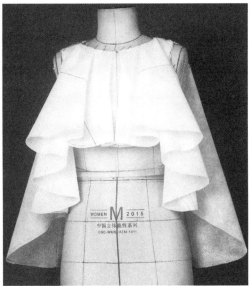

图 6-68

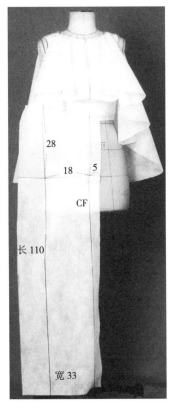

28

18   5

CF

长 110

宽 33

图 6-69

1~1.5

图 6-70

28

15

CB 连折   长 110

全宽 55

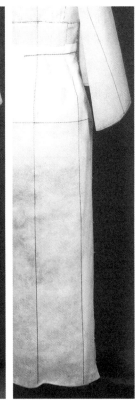

图 6-71

（11）坯样输入CAD，上部主要部件板型展示（图6-72）。

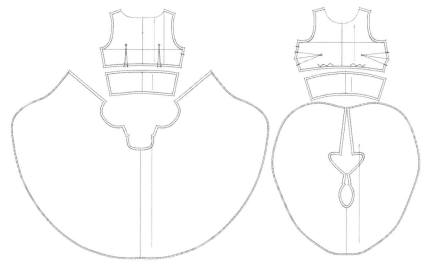

图6-72

（12）组装裙片，前襟开衩，上口与高腰头盖合（图6-73）。

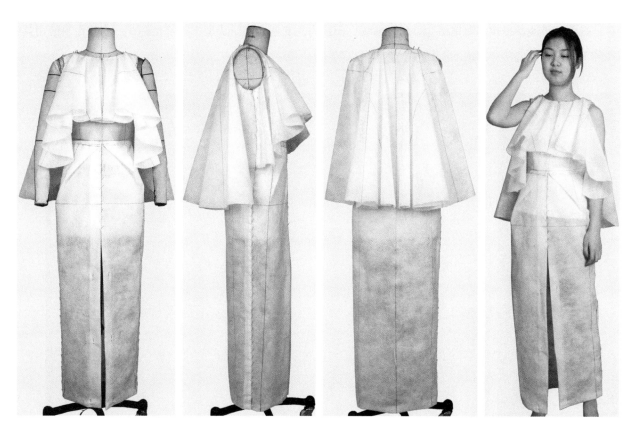

图6-73

6.6 新斜裁高定晚装

本款晚装并非纯斜裁，上半身是四面构成，下半身的开刀线转变为斜裁线。两个中心片，四个侧片，从腰腹下开始斜绕人体，展开鱼尾造型，不对称中含对称，九个鱼尾姿态各异，旋转跃动，竞相媲美，与天鹅绒面料相互映衬，彰显着衣者高贵不俗的气质（图6-74）。

图6-74

6.6.1 前后中心片衣身

（1）人台准备，WL上提2cm，人台下部加套硬纸筒加长，下口适当收小。刀背缝斜向标线：前右侧刀背缝从WL与侧缝的交点往下绕向左后衣身下方与CB交叉；在前左侧从刀背缝与MHL的交点稍往下绕向左后身下方与侧缝交叉。后衣身标线与前衣身正相对。在WL设定左、右侧片（右图略）中点（图6-75）。

（2）前衣身中心片坯样准备。前中两侧不对称，各部位引导线长度画至够用即可。固定前中（图6-76）。

（3）WL以上对称裁剪。下部斜裁造型，左边开刀线斜跨前身，在右下方裁剪鱼尾褶①。右侧斜线绕至后身片，裁剪，堆叠，提拉出鱼尾褶②、鱼尾褶③，完成后身底摆大半的造型，各部位标线。本款面料使用具有弹性的天鹅绒，因此贴身部位不需要放松量（图6-77）。

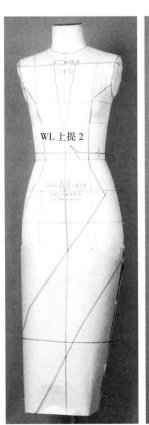

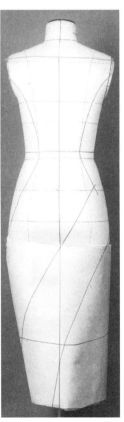

图6-75

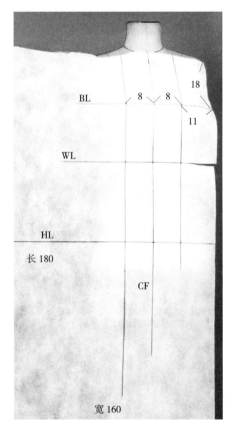

图6-76

（4）后衣身中心片坯样准备。画线，固定后中，上部开刀线裁剪类同前衣身（图6-78）。

（5）后身下部斜裁造型。右边开刀线斜跨后身，为邻片预设下鱼尾褶④的位置。在左侧裁剪鱼尾褶⑤，斜绕至前身，在刀背缝上设定与右前鱼尾褶①纵向大致对称的鱼尾褶⑥，为邻片预设下鱼尾褶的位置。前、后中心片互绕裁剪完毕，前后已经裁剪设定了鱼尾褶①～⑥，各部位标线，空档留给左右四个侧片来填充（图6-79）。

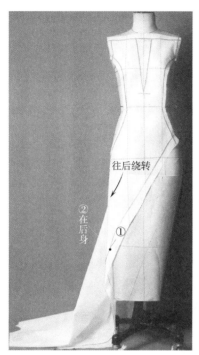
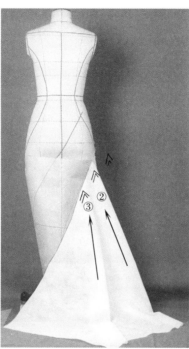
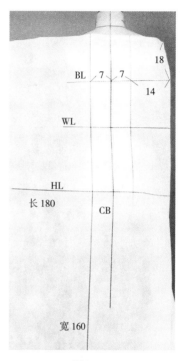

图6-77   图6-78

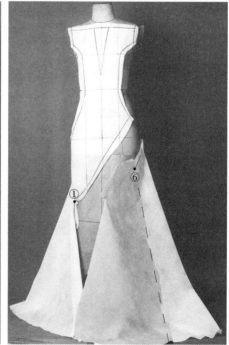

图6-79

6.6.2　四个侧片及衣袖组装

（1）前身左侧片坯样准备。中线对准人台的侧中点固定。WL以上中线稍向刀背缝倾斜，使上部刀背缝长度接近中心片，WL以下中线摆放垂直（图6-80）。

（2）上半身裁剪，重合刀背缝，剪开腰口缝边，摆平裁片，固定侧缝、各部位标线（图6-81）。

（3）下衣身斜裁，在侧前边提拉、裁剪鱼尾褶⑥。在中段提拉、裁剪鱼尾褶⑦、鱼尾褶⑧，斜向往右下与前中心片鱼尾褶①重合。都是在刀背缝上提拉裁褶，在下部堆叠扩摆造型。在操作中要精心布局，四个鱼尾褶的位置、态势要均衡，前后两个中心片与一个左侧片共同完成前身四个鱼尾褶造型（图6-82）。

（4）上半身左后侧片坯样准备，中线对准人台的侧中点固定。塑造侧片转折面，袖窿、侧缝与刀背缝裁剪，重合，使左上半身转折分明（图6-83）。

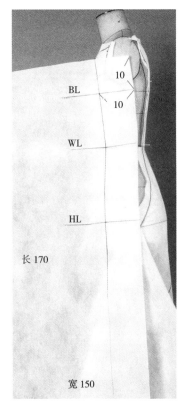
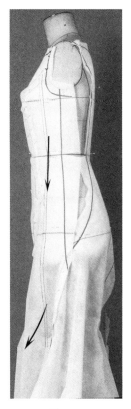

图6-80　　　　　　　　　图6-81

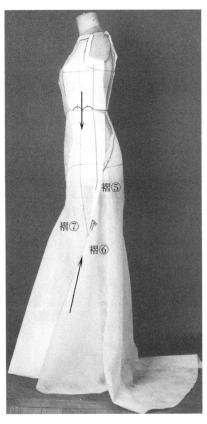
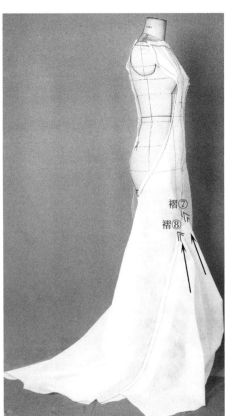
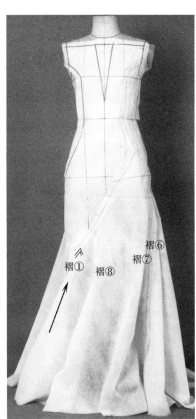

图6-82

（5）上半身右前侧片坯样准备，裁剪方法同左侧前片（图6-84）。

（6）后衣身右侧片坯样准备。中线对准人台的侧中点固定。上半身右侧片裁剪基本同左侧（图6-85）。

（7）下半身斜裁造型。刀背缝的一边与后中心片重合，完成后身下部堆叠扩摆造型，中段提拉，堆叠斜裁鱼尾褶⑨，下段按原预设位置斜裁鱼尾褶④（图6-86）。

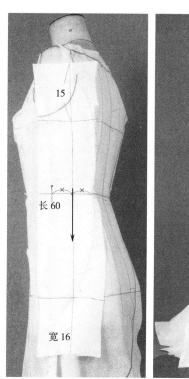
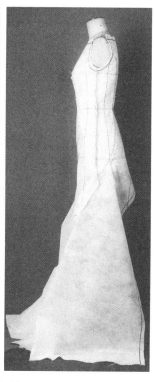

图6-83

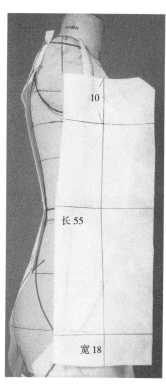

图6-84

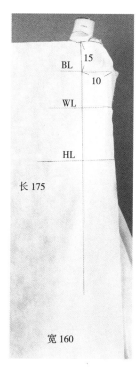
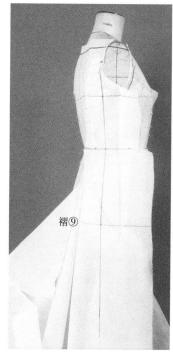
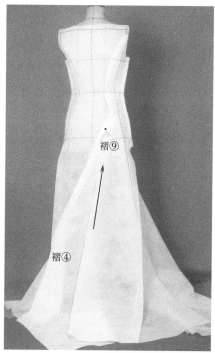

图6-85

图6-86

（8）下部侧缝一边与前中心片重合，曲度比较直，与鱼尾褶②③接合要过渡自然，整个下部在不对称中求对称。衣身裁剪至此初步完毕，后身先后完成了五个鱼尾褶造型。前后共裁剪了九个鱼尾褶（图6-87）。

（9）升高人台，使前身下摆离地，将四个鱼尾褶修剪水平，后身的堆叠褶延展曳地。组装衣身（图6-88）。

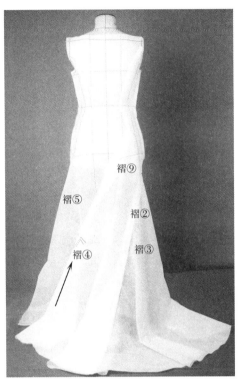

图6-87   图6-88

（10）平面裁剪衣袖，袖山上部标线，在立体装袖时需剪去，成为露肩型（图6-89）。

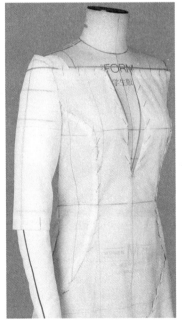

图6-89

（11）坯样输入CAD，主要部件板型展示（图6-90）。

（12）组装，确认造型（图6-91）。

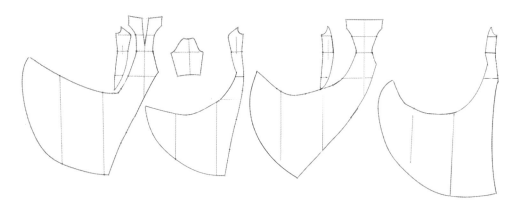

图6-90

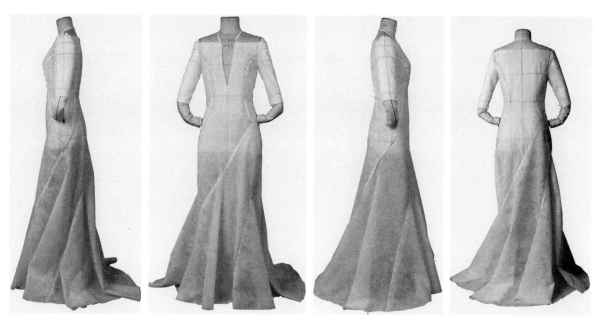

图6-91

6.7 翻转褶抹胸礼服

翻转褶、省等手法塑造的弧形角如同金鱼之眼，扇形褶"鱼尾"从裙身结构线中脱颖而出。长短相衬、层层叠叠、饱满跳脱的褶浪与织锦缎之光相辉映。仿生设计的力作，让我们共享这一优美的意境（图6-92）。

图6-92

6.7.1 上衣身

（1）款式结构分析、人台标线。抹胸：翻转褶结构缝线在胸部正侧面交界处。纵向分割线：前身三条，后身两条，*A*、*B*、*C*、*D*、*E*为各线与WL的交点。前后身各有三片：前裁片①②③，后裁片④⑤⑥（图6-93）。

（2）前身上部裁片①准备。固定前中，剪开抹胸上端中心线止点，BP处稍放松量，固定。粗裁第一条成角分割线至*X*点，将胸侧下方的浮余量别成胸省（图6-94）。

（3）将上方布样置于下层，从止点起至转角贴合胸部以一个缝边量别合，抹胸标线（图6-95）。

（4）转角上方折褶5cm，往里别进，标翻转褶中线。粗裁翻转褶中线外层侧缝边，以褶边折角向下翻转，呈现翻转褶的三角形态，下端布样覆于斜向分割线上（图6-96）。

（5）从下方布样往三角区域推塑出拱形空间，此造型使褶更加有立体美感，再顺势将下侧布样抚平覆上斜向*a*线，粗裁各部缝边（图6-97）。

（6）裁片②准备，BL处稍放松量，往两侧抚平，前侧下方盖过*b*线与①重合，后侧上方盖过侧缝与窿门固定，粗裁各部位缝边，标线（图6-98）。

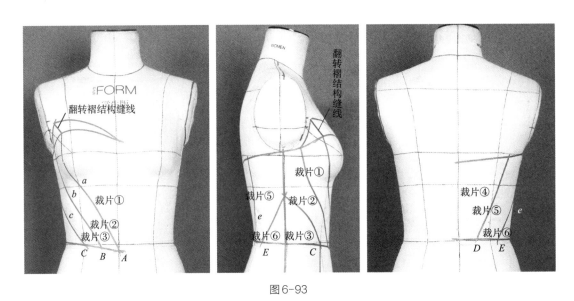

图6-93

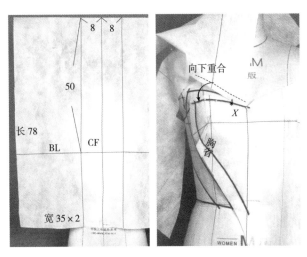

图6-94

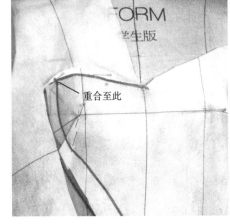

图6-95

（7）裁片③准备，18cm×18cm，操作方法同裁片②。要求前衣身三片布样结构平整合体，立体感强。最后为下面前裙中部片延伸上来的鱼尾褶裁剪定位标线：A为起点，F为止点（图6-99）。

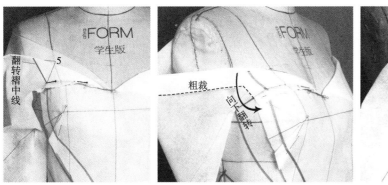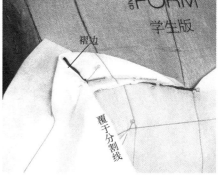

图6-96

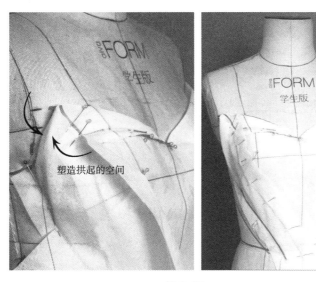

图6-97

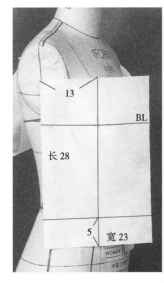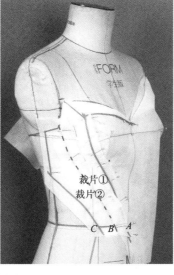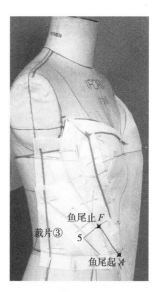

图6-98　　　　　　　　　　　　　　　　　　图6-99

（8）后中片裁片④准备，固定后中。粗裁、标线。后侧裁片⑤、裁片⑥准备，分别为28cm×20cm和18cm×18cm，操作同上。固定，粗裁，标线。检查、调整合体性（图6-100）。

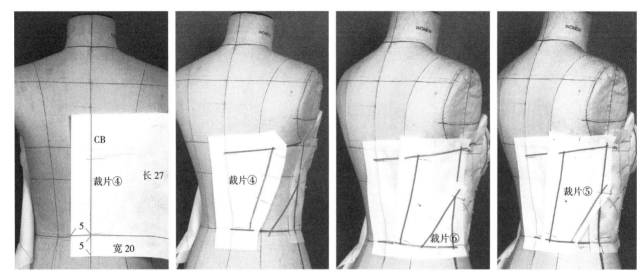

图6-100

6.7.2 下部后裙身、组装

（1）裙前中部片由下层纵向波浪褶与上层斜向鱼尾褶组合而成。坯样准备，固定前中（图6-101）。

（2）纵向波浪褶造型，由上往下剪开前中至A点，抚平腰部布样（图6-102）。

（3）裁剪浪褶，B、C分别为纵向浪褶褶①、褶②的裁剪起点，浪褶在HL处宽5cm，以CO为折线向前中翻折布样，抚平腰部，别合腰口线AC，上层裙身的腰口线应略短于下层，别合时要将B点、C点抻开、上提，使浪褶挺拔有力。从C往下标线，再由下往上粗裁至O点。下层纵向浪褶造型初成（图6-103）。

（4）粗裁腰口线AC，标线，再从A斜向往侧翻折坯样，鱼尾褶a自然产生（图6-104）。

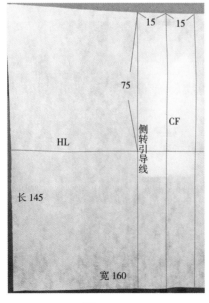

图6-101

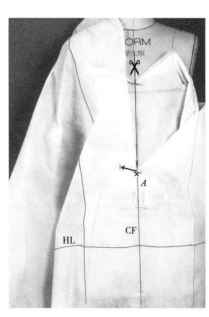

图6-102

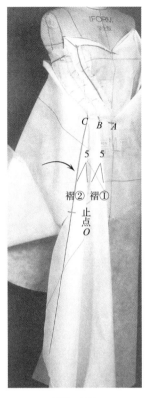
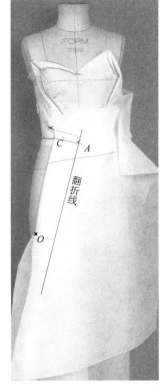
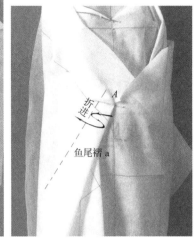

图6-103   图6-104

（5）剪开上部毛边，在定位线 AF 上作鱼尾褶 b 造型，标线（图6-105）。

（6）折鱼尾褶 C，最后在 F 点再折一褶 d，连同 a 点褶在内共有鱼尾褶四个（图6-106）。

（7）鱼尾褶上下口标线，A 点与 O 点连顺，裁剪，完成鱼尾造型，轮廓呈 S 状。转到侧面，掀开鱼尾褶，确认 CO 的垂直度，将 C 至侧缝的腰口线三等分、标线，为前侧浪褶④~⑥定位（图6-107）。

（8）裙前侧片坯样准备，引导线交点为浪褶点 C，在 HL 放浪褶大6cm，画浪褶斜线（图6-108）。

（9）由上而下剪开垂直引导线至 C，再加放缝边往下粗裁下面第三个浪褶③，将该线与中部片 CO 抓合，完成侧片与中片的结构衔接（图6-109）。

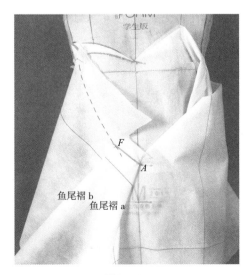
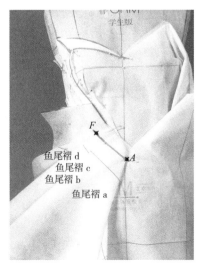

图6-105   图6-106

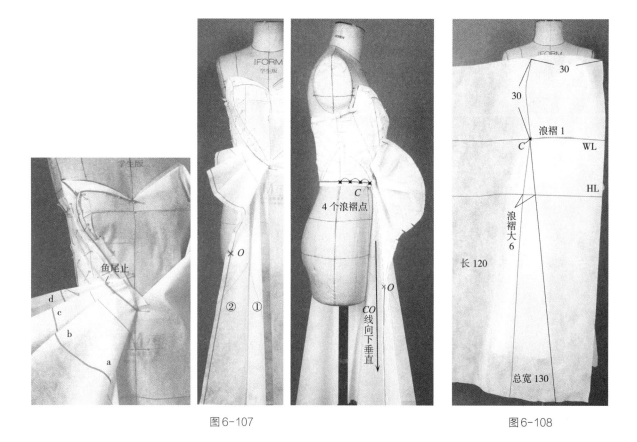

图 6-107

图 6-108

（10）推平左边布样，前侧浪褶④⑤裁剪（图 6-110）。

（11）侧缝浪褶⑤的褶量为5cm，标线，粗裁（图 6-111）。

（12）裙后片坯样准备，固定后中（图 6-112）。

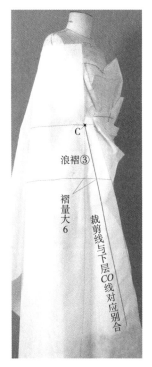

图 6-109

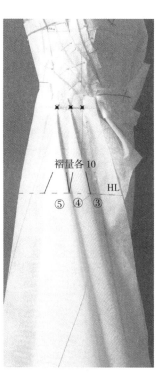

图 6-110

图 6-111

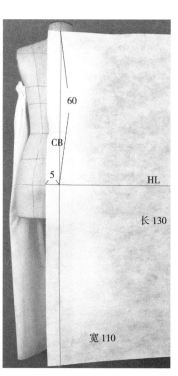

图 6-112

（13）后片塑造三个浪褶，褶量与前裙侧片一致。浪褶点分别为上部衣身的纵向分割线与WL的交点 D、E 与侧缝浪褶点（图6-113）。

（14）抓合侧缝，下摆标线，裁剪（图6-114）。

（15）坯样的平面整理（图6-115）。

（16）组装，确认造型（图6-116）。

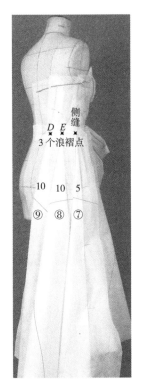

图6-113   图6-114

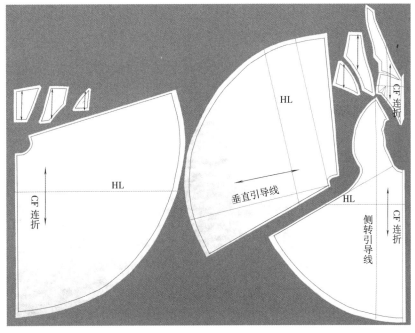

图6-115

图6-116

思考与技能训练

1. 长袖基础款连衣裙

（1）效果图。利用省、褶收腰贴体扩摆，结构属于基础型，简洁又出效果。很适合连衣裙基础练习。位于两袖口之上的两个凹弧型褶，是吸引眼球的聚焦点，结构巧妙，是由衣袖下部的内袖缝上的两个活褶相叠拉出一个圆圈而成（图6-117）。

（2）前衣身坯样准备（125cm×60cm）。固定前中，粗裁领口、肩缝、袖窿，初步进行扩摆造型，摆围大至坯样宽的极限。腋下侧缝横向剪开，在开口下方捏缝腋侧收腰活褶至腹部。在BP下方捏缝前腰省，将侧缝余褶在开口处捏收为横胸省。侧缝裁剪，各部位标线（图6-118）。

（3）后衣身坯样尺寸同前衣身。肩背部余褶一部分推向领口与肩缝作为松量，一部分转移至下摆，摆围放至坯样宽极限。按照后身体型捏缝腰省与收腰活褶。最后整理、裁剪、重合侧缝。下摆标线、裁剪。造型观察：剪开前后活褶在腰口处缝边，使之服帖，摆缝顺直而下，前后侧面对称，浪褶均衡（图6-119）。

（4）组装衣身。肩点S下落2cm。定内袖转折点A。将衣袖坯样搭在人台手臂上，对准S点别合。手臂抬至所需角度，由S往下，将袖样与前袖窿别合至内袖转折点，修剪毛边，即成上部袖山。粗裁下部袖山毛边，袖样往内包转，与袖窿比照，初步判断袖山的高度，将对应的下部袖窿线点影在袖样上，初定EL以上袖底线的长度（图6-120）。

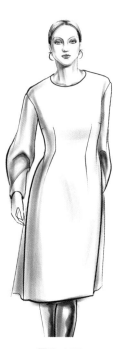

图6-117

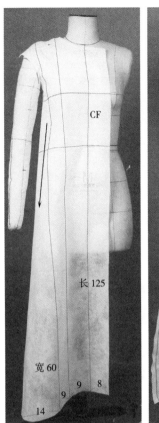

图6-118

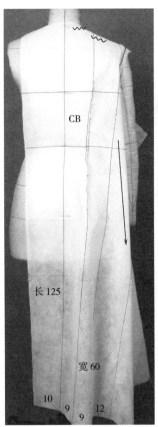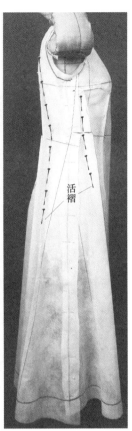

图6-119

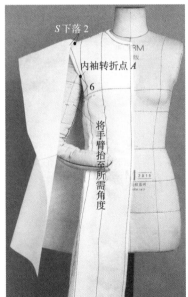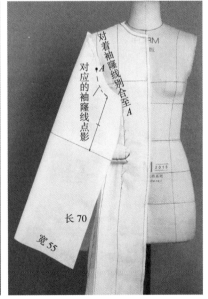

图6-120

（5）用同样的方法别合、裁剪后袖山，前后袖山高度要相等，EL以上袖底线的长度要相等。前、后下段袖山毛边剪开、装合。放下袖样，观察，调整，确认袖山与上部袖型的平整度。凹弧第一褶造型，要将袖样从后往前倾斜，增肥袖肘，褶量大约15cm，粗裁缝边。第二褶量10~13cm，要先剪开第一褶中线，将第二褶夹在其中，完成凹弧褶造型。抓合袖筒。各部位标线、裁剪（图6-121）。

（6）坯样平面整理（图6-122）。

（7）组装，确认造型（图6-123）。

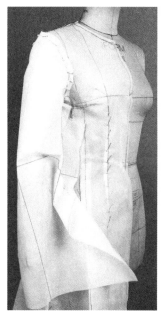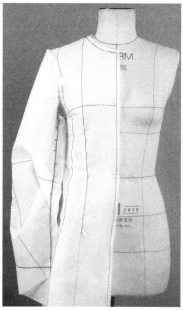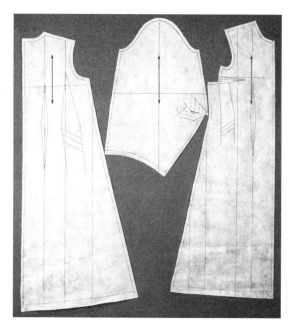

图6-121

图6-122

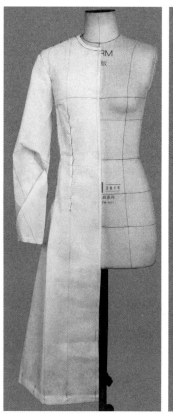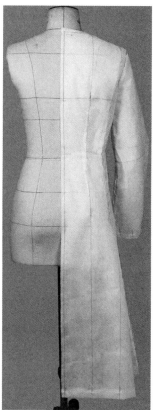

图6-123

2. 沙丽式贴体连衣裙

（1）效果图。不对称斜裁拼接连衣裙，结构外形似印度纱丽。利用斜向分割线结合折叠、交错的立体构成手法，予腰身适当的自由，转化掉浮余量，使服装结构线显得更加自在且合体，衣领的不对称设计增进了斜向结构的协调感。运用黑色微弹面料弱化了结构缝线的繁复感，体现出既干练简洁又优雅柔美的视觉感受（图6-124）。

（2）人台标线。领口、袖口、袖窿、活褶线。标识前后 a、b、c、d 结构分割线，b、d 线交于 O 点（图6-125）。

（3）前衣身坯样准备。对应 HL、前中固定，HL 两边松量各2cm，裙摆略内收，侧面结构平整合体，由下往上至腰线处固定，在保证侧面平整的前提下，腰部以上将坯样推向前中心处（图6-126）。

（4）从左往右造型，剪开左侧 WL 处坯样，上部坯样向中心处稍倾斜推平，以增加活褶量，袖窿底固定，将所有余量根据褶位及方向进行适量折叠，形成左三右一的倾斜褶（图6-127）。

（5）左侧缝、袖窿底标线，粗裁。标 c 线，剪开，从左剪至右侧提示点处止，提示点至右侧缝形成一个褶尾，顶开褶尾往下至右侧缝标线、裁剪（图6-128）。

（6）右侧腰侧点处剪开口，理平侧面结构并固定，上端坯样拉向 c 线，覆盖其上别合；理顺胸部结构，标线 b、d 交于 O 点，粗裁该缝至 BP 外侧止，以此点为依据右侧缝折进适当褶量，上端坯样顺势覆盖其上，对准 A 点剪开缝边（图6-129）。

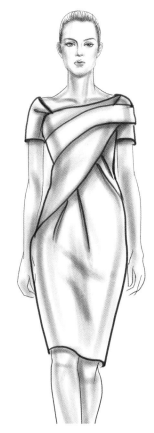

图6-124

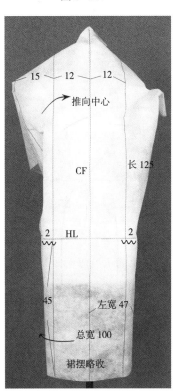

图6-126

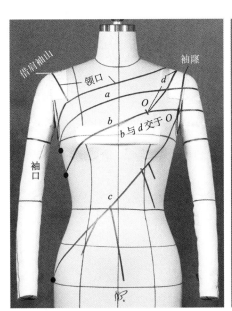

图6-125

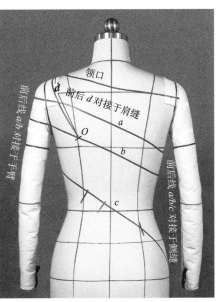

（7）O点右侧布样藏于b线内，左侧覆盖其上。沿a线（虚线）折平，折别上部坯样，因身体转折形态的缘故，右侧的折叠会更大些。领口、d线、肩缝、侧缝、下摆标线，完成前衣身裁剪（图6-130、图6-131）。

（8）后衣身坯样准备。廓型塑造，裁剪与前衣身类同。对照结构与要求，完成后衣身的裁剪（图6-132）。

（9）衣袖，平面裁剪左袖，以此为基样，展开带袖山褶的右袖裁剪，装袖，完成整件裁剪（图6-133）。

（10）坯样的平面展示（图6-134）。

（11）组装，确认造型（图6-135）。

图6-127

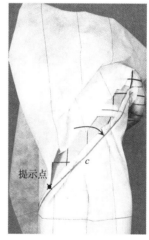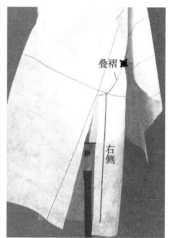

图6-128

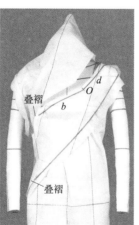

图6-129

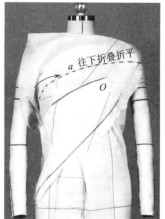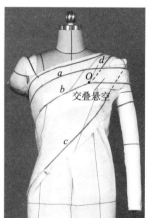

图6-130

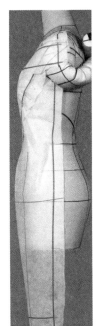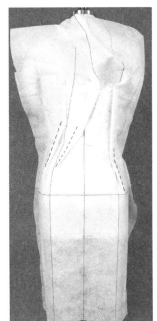

图6-131

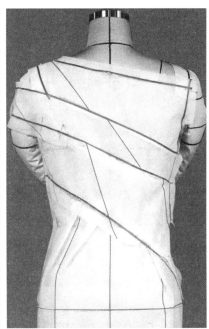

图6-132

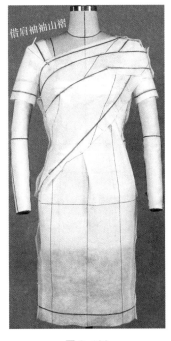

图6-133

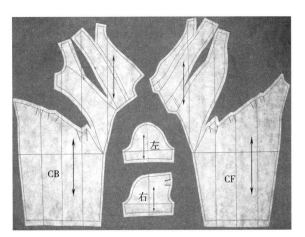

图6-134

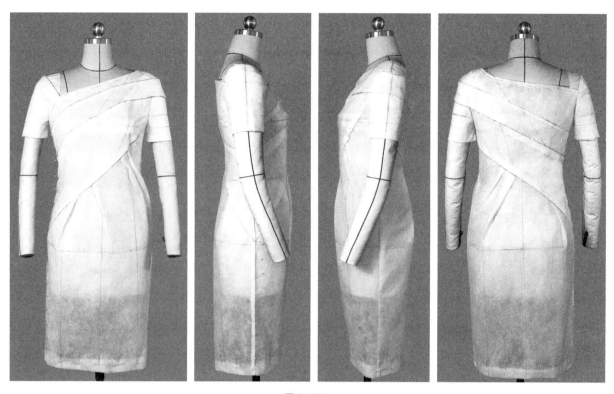

图6-135